人工智能技术丛书

机器学习实战

（视频教学版）

迟殿委　王培进　王兴平　著

清华大学出版社

北　京

内 容 简 介

本书基于Python语言详细讲解机器学习算法及其应用，用于读者快速入门机器学习。本书配套示例源代码、PPT课件、教学视频、教学大纲、习题与答案、作者微信答疑。

本书共分12章，内容包括机器学习概述、Python数据处理基础、Python常用机器学习库、线性回归及应用、分类算法及应用、数据降维及应用、聚类算法及应用、关联规则挖掘算法及应用、协同过滤算法及应用，最后通过3个综合实战项目（包括新闻内容分类实战、泰坦尼克号获救预测实战、中药数据分析项目实战），帮助读者对所学技能进行巩固和提升。本书主要章节都给出了对应的示例及其详细的分析步骤，方便读者从编程中掌握机器学习基础算法及应用。

本书适合机器学习初学者、大数据分析人员和机器学习算法开发工程师阅读；也适合作为高等院校或高职高专人工智能、计算机、软件工程、数据科学与大数据技术、智能科学与技术等专业机器学习课程的教材。

图书在版编目（CIP）数据

机器学习实战：视频教学版/迟殿委，王培进，王兴平著. —北京：清华大学出版社，2024.3
（人工智能技术丛书）
ISBN 978-7-302-65397-4

Ⅰ．①机… Ⅱ．①迟… ②王… ③王… Ⅲ．①机器学习 Ⅳ．①TP181

中国国家版本馆 CIP 数据核字（2024）第 022414 号

责任编辑：夏毓彦
封面设计：王　翔
责任校对：闫秀华
责任印制：丛怀宇

出版发行：清华大学出版社
　　网　　　址：https://www.tup.com.cn，https://www.wqxuetang.com
　　地　　　址：北京清华大学学研大厦 A 座　　　　　邮　　编：100084
　　社 总 机：010-83470000　　　　　　　　　　　邮　　购：010-62786544
　　投稿与读者服务：010-62776969，c-service@tup.tsinghua.edu.cn
　　质量反馈：010-62772015，zhiliang@tup.tsinghua.edu.cn
印 装 者：涿州汇美亿浓印刷有限公司
经　　销：全国新华书店
开　　本：190mm×260mm　　　　印　　张：14.75　　　　字　　数：398 千字
版　　次：2024 年 3 月第 1 版　　　　　　　　　　　印　　次：2024 年 3 月第 1 次印刷
定　　价：59.00 元

产品编号：094327-01

前　　言

随着技术的不断发展，人工智能和机器学习已经成为计算机领域中的重要分支，并且被广泛应用于工业、农业、商业、医学、艺术等各个领域。为了满足社会对相关人才的需求，急需提高IT技术人员对机器学习原理和算法的理解及应用能力。机器学习是一门多领域交叉学科，可以通过计算机模拟或实现人类的学习行为，以获取新的知识或技能，重新组织已有的知识结构来改善自身性能。机器学习的应用是以大数据采集与处理为前提条件的。

本书内容

本书内容逻辑上分为编程基础、算法应用、项目实战三大部分。编程基础部分主要讲解Python编程基础、数据处理基础、机器学习常用库等内容，并讲解了机器学习分类、典型过程及常见应用。算法应用部分讲解如何建立大数据环境下的机器学习工程化思维，在不必深究算法细节的前提下，实现大数据分类、聚类、回归、协同过滤、关联规则、降维等算法及其应用。最后通过3个综合实战项目（新闻内容分类实战、泰坦尼克号获救预测实战、中药数据分析项目实战），帮助读者对所学技能进行巩固和提升。

本书特点

（1）本书针对每个经典算法基于机器学习典型开发流程展开，每个算法的讲解都采用先理论后应用实战的方法，方便读者从编程中学会机器学习算法及其应用。

（2）本书基于Python语言实现机器学习经典算法，步骤清晰简明，易于上手，重点放在机器学习算法理解和应用上。同时，本书配套了较为丰富的实战案例，并为案例提供了详细的步骤说明。

（3）本书尤其重视实践操作，包括框架搭建和开发环境安装、各种算法经典案例引入、算法原理讲解、综合项目实战提升等，并将实战与理论知识相结合，从而加深对机器学习算法的理解。

（4）本书作者是具有多年大数据分析和处理实战经验的高级工程师，算法讲解通俗易懂，方便读者提高学习效率，快速掌握机器学习技术。

配套资源下载

本书配套示例源代码、PPT课件、教学视频、教学大纲、习题与答案、作者微信答疑，读者需要用微信扫描下面的二维码获取。如果阅读中发现问题或有疑问，请联系booksaga@163.com，邮件主题写"机器学习实战（视频教学版）"。

本书读者

本书适合机器学习初学者，可以作为大数据分析和机器学习算法工程师的参考用书，也可以作为高等院校或高职高专人工智能、大数据等专业的教材或教学参考书。

编　者

2024年1月

目　　录

第 1 章
机器学习概述

本章内容分为3节。第1节主要介绍机器学习（Machine Learning，ML）的基本概念、机器学习三要素和核心、机器学习开发流程、机器学习模型评价指标。在详细学习机器学习之前，需要了解什么是机器学习、机器学习的开发流程以及机器学习模型评价指标。第2节主要介绍机器学习的发展及分类。从传统机器学习到现代机器学习，机器学习已经在人工智能、自然语言处理、图像识别、医学、金融等领域得到广泛的应用，成为当今信息技术发展中的热点和趋势之一。那么，机器学习这一路的发展历程是什么样的呢？在第2节我们会详细探讨这个问题。第3节主要介绍机器学习中常用的术语。机器学习是一个复杂性、专业性很强的技术领域，它大量应用了概率论、统计学、逼近论、算法复杂度等多门学科的知识，因此会出现很多专业性很强的词汇。在探索机器学习的初级阶段，理解这些专业术语是学习过程中的第一件重要任务，因此第3节将详细介绍机器学习中常用的术语，为后续的知识学习打下坚实的基础。

本章主要知识点：

❖ 机器学习简介
❖ 机器学习的发展史和分类
❖ 机器学习常用术语

1.1 机器学习简介

在正式学习机器学习之前，先了解什么是机器学习、机器学习三要素和核心、机器学习的开发流程、机器学习模型评价指标，以及机器学习项目开发步骤。

1.1.1 什么是机器学习

机器学习是人工智能的一个分支。人工智能的研究历史有着一条从以"推理"为重点，到以"知识"为重点，再到以"学习"为重点的自然、清晰的脉络。显然，机器学习是实现人工智能的一个途径，即以机器学习为手段解决人工智能中的问题。机器学习经过30多年发展，已经成为一门多领域交叉学科，涉及概率论、统计学、逼近论、凸分析（Convex Analysis）、计算复杂性理论等多门学科。机器学习理论主要是设计和分析一些让计算机可以自动"学习"的算法。机器学习算法是一类从数据中自动分析获得规律，并利用规律对未知数据进行预测的算法。因为学习算法中涉及大量的统计学理论，所以机器学习与推断统计学联系尤为密切，因此也被称为统计学习理论。算法设计方面，机器学习理论关注可以实现的、行之有效的学习算法。很多推论问题无程序可循，难度较大，所以部分机器学习的研究是开发容易处理的近似算法。

　　机器学习已广泛应用于数据挖掘、计算机视觉、自然语言处理、生物特征识别、搜索引擎、医学诊断、检测信用卡欺诈、证券市场分析、DNA序列测序、语音和手写识别、战略游戏和机器人等领域。

　　简单地说，机器学习是一门从数据中研究算法的科学学科，它根据已有的数据进行算法的选择，并基于算法和数据结构构建模型，最终对未来进行预测。它的实质是通过数据构建一个模型并用于预测未知属性。

1.1.2　机器学习三要素和核心

1. 机器学习三要素

　　按照统计机器学习的观点，任何一个机器学习方法都是由模型（Model）、策略（Strategy）和算法（Algorithm）三个要素构成的。具体可理解为机器学习模型在一定的优化策略下，使用相应求解算法来达到最优目标的过程。

　　机器学习的第一个要素是模型。机器学习中的模型就是要学习的决策函数或者条件概率分布，一般用假设空间（Hypothesis Space）F来描述所有可能的决策函数或条件概率分布。

　　当模型是一个决策函数时，如线性模型的线性决策函数，F可以表示为若干决策函数的集合，$F = \{f \mid Y = f(X)\}$，其中X和Y为定义在输入空间和输出空间中的变量。

　　当模型是一个条件概率分布时，如决策树是定义在特征空间和类空间中的条件概率分布，F可以表示为条件概率分布的集合，$F = \{P \mid P = Y \mid X\}$，其中$X$和$Y$为定义在输入空间和输出空间中的随机变量。

　　机器学习的第二个要素是策略。简单来说，就是在假设空间的众多模型中，机器学习需要按照什么标准选择最优模型。对于给定模型，模型输出$f(X)$和真实输出Y之间的误差可以用一个损失函数（Loss Function），也就是$L(Y, F(X))$来度量。

　　不同的机器学习任务都有对应的损失函数，回归任务一般使用均方误差，分类任务一般使用对数损失函数或者交叉熵损失函数等。

　　机器学习的最后一个要素是算法。这里的算法有别于所谓的"机器学习算法"，在没有特别说明的情况下，"机器学习算法"实际上指的是模型。作为机器学习三要素之一的算法，指的是学习模型的具体优化方法。当机器学习的模型和损失函数确定时，机器学习就可以具体地形式化为一个最优化问题，可以通过常用的优化算法，例如随机梯度下降法（Stochastic Gradient Descent，SGD）、牛顿法、拟牛顿法等，进行模型参数的优化求解。

　　当一个机器学习问题的模型、策略和算法都确定了，相应的机器学习方法也就确定了，因而这三者也叫作"机器学习三要素"。

2. 机器学习的核心

机器学习的目的在于训练模型，使其不仅能够对已知数据有很好的预测效果。而且能对未知数据有较好的预测能力。当模型对已知数据预测效果很好，但对未知数据预测效果很差的时候，就引出了机器学习的核心问题之一——过拟合（Over-Fitting）。

先来看一下监督机器学习的核心哲学。总的来说，所有监督机器学习都可以用如下公式来概括：

$$\theta^* = \mathrm{argmin}\,\frac{1}{N}\sum_{i=1}^{N}L\big(y_i, f(x_i;\theta)\big) + \lambda\phi_\theta$$

上面的公式就是监督机器学习中的损失函数计算公式，其中，第一项为针对训练集的经验误差项，即我们常说的训练误差；第二项为正则化项，也称为惩罚项，用于对模型复杂度进行约束和惩罚。

因此，所有监督机器学习的核心任务就是在正则化参数的同时最小化经验误差。多么简约的哲学啊！各类机器学习模型的差别无非就是变着方式改变经验误差项，即我们常说的损失函数。不信你看：当第一项是平方损失（Square Loss）时，机器学习模型便是线性回归；当第一项变成指数损失（Exponential Loss）时，模型则是著名的AdaBoost（一种集成学习树模型算法）；而当损失函数为合页损失（Hinge Loss）时，便是大名鼎鼎的SVM了！

综上所述，第一项"经验误差项"很重要，它能变着法儿改变模型形式，我们在训练模型时要最大限度地把它变小。但在很多时候，决定机器学习模型质量的关键不是第一项，而是第二项"正则化项"。正则化项通过对模型参数施加约束和惩罚，让模型时时刻刻保持对过拟合的警惕。

我们再回到前面提到的监督机器学习的核心任务：正则化参数的同时最小化经验误差。通俗来讲，就是训练集误差小，测试集误差也小，模型有着较好的泛化能力；或者模型偏差小，方差也小。

但是很多时候模型的训练并不尽如人意。当你在机器学习领域摸爬滚打已久时，想必更能体会到模型训练的艰辛，要想训练集和测试集的性能表现高度一致实在太难了。很多时候，我们已把经验损失（即训练误差）降到极低，但模型一到测试集上，瞬间"天崩地裂"，表现得一塌糊涂。这种情况便是下面要谈的主题——过拟合。

所谓过拟合，指在机器学习模型训练的过程中，模型对训练数据学习过度，将数据中包含的噪声和误差也学习了，使得模型在训练集上表现很好，而在测试集上表现很差的一种现象。机器学习简单而言就是归纳学习数据中的普遍规律，这里一定得是普遍规律，像这种将数据中的噪声也一起学习了的，归纳出来的便不是普遍规律，而是过拟合。

欠拟合、正常拟合与过拟合的表现形式如图1-1所示。

鉴于过拟合十分普遍并且关乎模型的质量，因此在机器学习实践中，与过拟合长期坚持不懈地斗争是机器学习的核心。而机器学习的一些其他问题，诸如特征工程、扩大训练集数量、算法设计和超参数调优等，都是为防止过拟合这个核心问题而服务的。

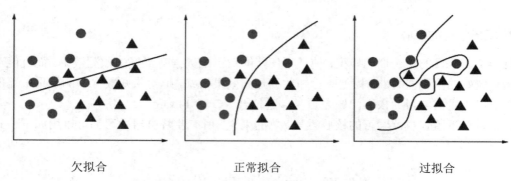

欠拟合　　　　　　　　正常拟合　　　　　　　过拟合

图1-1　欠拟合、正常拟合、过拟合的表现形式

1.1.3　机器学习开发流程

机器学习开发流程在实际操作层面一共分为8步：需求分析、数据收集、数据预处理、数据分析与可视化、建模调优、特征工程、模型结果展示与分析报告、模型部署与上线反馈优化。如图1-2所示。

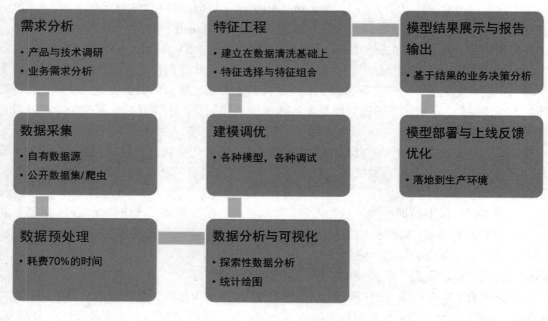

图1-2　机器学习开发流程

1. 需求分析

很多算法工程师可能觉得需求分析没有技术含量，因而不太重视项目启动前的需求分析工作，这对于一个项目而言其实是非常危险的。

需求分析的主要目的是为项目确定方向和目标，为整个项目的顺利开展制订计划和设立里程碑。我们需要明确机器学习的目标输入是什么，目标输出是什么，是回归任务还是分类任务，关键性能指标都有哪些，是结构化的机器学习任务还是基于深度学习的图像和文本识别任务，市面上项目相关的产品都有哪些，对应的SOTA（State Of The Art）模型有哪些，相关领域的前沿研究和进展都到什么程度了，项目有哪些有利条件和风险。这些都需要在需求分析阶段认真考虑。

2. 数据采集

一个机器学习项目要开展下去，最关键的资源就是数据。

在数据资源相对丰富的领域，例如电商、O2O、直播以及短视频等行业，企业一般会有自己的数据源，业务部门提出相关需求后，数据工程师可直接根据需求从数据库中提取数据。但对于本身数据资源就贫乏或者数据隐私性较强的行业，例如医疗行业，一般很难获得大量数据，并且医疗数据的标注也比较专业，因此高质量的标注数据尤为难得。对于这种情况，我们可以先获取一些公开数据集或者竞赛数据集进行算法开发。

还有一种情况是目标数据在网页端，例如我们想了解杭州二手房的价格信息，找出影响杭州二手房价格的关键因素，这时候可能需要使用爬虫一类的数据采集技术来获取相关数据。

（1）数据来源：

- 用户访问行为数据。
- 用户业务数据。
- 外部第三方数据（网络爬虫等）。

（2）数据存储：

- 需要存储的数据：原始数据、预处理后的数据、模型结果。
- 存储设施：MySQL、HDFS、HBase、Solr、Elasticsearch、Kafka、Redis等。

（3）数据收集方式：

- Flume。
- Kafka。

（4）机器学习可用的公开数据集：

在实际工作中，我们可以使用业务数据进行机器学习开发，但是在学习过程中没有业务数据，此时可以使用公开数据集进行开发。常用的公开数据集网址如下：

- http://archive.ics.uci.edu/ml/datasets.html
- https://aws.amazon.com/cn/public-datasets/
- https://www.kaggle.com/competitions
- http://www.kdnuggets.com/datasets/index.html
- http://www.sogou.com/labs/resource/list_pingce.php
- https://tianchi.aliyun.com/datalab/index.htm
- http://www.pkbigdata.com/common/cmptIndex.html

3. 数据预处理

由于公开数据集和一些竞赛数据集非常"干净"，有的甚至可以直接用于模型训练，因此一些机器学习初学者认为只需专注于模型与算法设计就可以了，其实不然。在生产环境下，我们拿到的数据都会比较"脏"，以至于需要花大量时间去清洗数据，有些人甚至认为数据清洗和特征工程要占用项目70%以上的时间。

- 数据预处理是实际生产环境中机器学习比较耗时的一部分。
- 大部分的机器学习模型所处理的都是特征，特征通常是输入变量所对应的可用于模型的数值表示。
- 大部分情况下，收集得到的数据需要经过预处理后才能够为算法所用。

数据预处理的操作主要包括以下几个部分：

- 数据过滤。
- 处理数据缺失。
- 处理可能的异常、错误或者异常值。
- 合并多个数据源数据。
- 数据汇总。

4. 数据分析与可视化

数据清洗完后，一般不建议直接对数据进行训练。这时候我们对于要训练的数据还是非常陌生的。数据都有哪些特征？是否有很多类别特征？目标变量分布如何？各自变量与目标变量的关系是否需要可视化展示？数据中各变量缺失值的情况如何？怎样处理缺失值？这些问题都需要在探索性数据分析（Exploratory Data Analysis，EDA）和数据可视化过程中找到答案。

5. 建模调优与特征工程

数据初步分析完后，对数据会有一个整体的认识，一般就可以着手训练机器学习模型了。但建模通常不是一锤子买卖，训练完一个基线（Baseline）模型之后，需要花大量时间进行模型调参和优化。

有关模型评价指标的相关内容参见下一小节。

6. 模型结果展示与分析报告

经过一定的特征工程和模型调优之后，一般会有一个阶段性的最优模型结果，模型对应的关键性能指标都会达到最优状态。这时候需要通过一定的方式呈现模型，并对模型的业务含义进行解释。如果需要给上级领导和业务部门作决策参考，一般还需要生成一份有价值的分析报告。

7. 模型部署与上线反馈优化

给出一份分析报告不是一个机器学习项目的最终目的，将模型部署到生产环境并能切实产生收益，才是机器学习的最终价值所在。

如果新上线的推荐算法能让用户的广告点击率上升 0.5%，为企业带来的收益也是巨大的。该阶段更多的是需要进行工程方面的一些考虑，是以 Web 接口的形式提供给开发部门，还是以脚本的形式嵌入软件中，后续如何收集反馈并提供产品迭代参考，这些都是需要在模型部署和上线之后考虑的。

1.1.4 机器学习模型评价指标

关于模型调优，结合业务的精细化特征工程工作比模型调参更能改善模型表现。建模调优与特征工程之间本身是个交互性的过程，在实际工作中我们可以一边进行调参，一边进行特征设计，交替进行，相互促进，共同改善模型表现。在调优过程中同时包括对模型的评估，即调优的模型是否更优秀。评估的指标主要有准确率、召回率、精确率、F1值、混淆矩阵、ROC曲线、ROC曲线下的面积等，如表1-1所示。

表1-1 评估指标

指　　标	描　　述	sklearn函数
Accuracy	准确率	from sklearn metrics import accuracy_score
Precision	精确率	from sklearn metrics import precision_score
Recall	召回率	from sklearn metrics import recall_score
F1	F1值	from sklearn metrics import f1_score
Confusion Matrix	混淆矩阵	from sklearn metrics import confusion_matrix
ROC	ROC曲线	from sklearn metrics import roc
AUC	ROC曲线下的面积	from sklearn metrics import auc

1. 准确率

准确率是指分类正确的样本占总样本个数的比例，计算公式为：

$$准确率=提取出的正确样本数/总样本数$$

准确率具有局限性。准确率是分类问题中最简单也是最直观的评价指标，但存在明显的缺陷，当不同种类的样本比例非常不均衡时，占比大的类别往往成为影响准确率的最主要因素。例如：当负样本占99%时，即使分类器把所有样本都预测为负样本，也可以得到99%的准确率，换句话说，总体准确率高，并不代表类别比例小的准确率也高。

2. 召回率与精确率

召回率是指正确分类的正样本个数占真正的正样本数的比例。精确率是指正确分类的正样本个数占分类器判定为正样本的样本个数的比例。

$$召回率=正确的正例样本数/样本中的正例样本数$$
$$精确率=正确的正例样本数/预测为正例的样本数$$

召回率和精确率是既矛盾又统一的两个指标，为了提高精确率的值，分类器需要尽量在"更有把握"时才把样本预测为正样本，但此时往往会因为过于保守而漏掉很多"没有把握"的正样本，导致召回率值降低。

3. F值

F值是精确率和召回率的谐波平均值，正常的平均值会平等对待所有的值，而谐波平均值会给予较低的值更高的权重。因此，只有当召回率和精确率都很高时，分类器才能得到较高的F值。

$$F值=精确率×召回率×2/（精确率＋召回率）$$

这个公式即表示F值为精确率和召回率的调和平均值。F值对那些具有相近的精确率和召回率的分类器更为有利。但这并不一定能符合我们的期望，在某些情况下，我们更关心的是精确率，而另一些情况下，我们可能真正关心的是召回率。精确率与召回率的权衡将是很值得思考的问题。

真实值与预测值的关系如表1-2所示。

表1-2　真实值与预测值

真 实 值	预 测 值	
	正 例	负 例
正例	真正例（A）	假负例（B）
负例	假正例（C）	真负例（D）

表中A和D预测正确，B和C预测错误，测试计算结果为（其中#表示样本个数，如#（A）表示真正例个数）：

$$Accuracy = \frac{\#(A) + \#(D)}{\#(A) + \#B + \#C + \#(D)}$$

$$Recall = \frac{\#(A)}{\#(A) + \#(B)} \quad Precision = \frac{\#(A)}{\#(A) + \#(C)} \quad F = \frac{2 \times Recall \times Precision}{Recall + Precision}$$

4. ROC曲线

二值分类器是机器学习领域中最常见也是应用最广泛的分类器。评价二值分类器的指标很多，例如精确率、召回率、F1值、P-R曲线等，但这些指标或多或少只能反映模型在某一方面的性能。相比而言，ROC曲线则有很多优点，经常作为评估二值分类器最重要的指标之一。ROC曲线是Receiver Operating Characteristic Curve的简称，中文名为受试者工作特征曲线。

ROC曲线的横坐标为假阳率FPR，纵坐标为真阳率TPR，FPR和TPR的计算方法分别为：

$$FPR = \frac{FP}{N} \qquad TPR = \frac{TP}{P}$$

P是真实的正样本数量，N是真实的负样本数量，TP是P个正样本中被分类器预测为正样本的个数，FP为N个负样本中被预测为正样本的个数。

下面来演示ROC曲线的绘制。首先，创建数据集：

【程序 1.1】roc_data.py

```
import pandas as pd
column_name = ['真实标签','模型输出概率']
datasets = [['p',0.9],['p',0.8],['n',0.7],['p',0.6],
    ['p',0.55],['p',0.54],['n',0.53],['n',0.52],
    ['p',0.51],['n',0.505],['p',0.4],['p',0.39],
    ['p',0.38],['n',0.37],['n',0.36],['n',0.35],
    ['p',0.34],['n',0.33],['p',0.30],['n',0.1]]
```

```
data = pd.DataFrame(datasets,index = [i for i in range(1,21,1)],
                    columns=column_name)
print(data)
```

然后，绘制ROC曲线：

【程序1.2】 roc_plt.py

```
import matplotlib.pyplot as plt
# 计算各种概率情况下对应的(假阳率，真阳率)
points = {0.1:[1,1],0.3:[0.9,1],0.33:[0.9,0.9],0.34:[0.8,0.9], 0.35:[0.8,0.8],
0.36:[0.7,0.8],0.37:[0.6,0.8],0.38:[0.5,0.8], 0.39:[0.5,0.7],0.40:[0.4,0.7],
0.505:[0.4,0.6],0.51:[0.3,0.6], 0.52:[0.3,0.5], 0.53:[0.2,0.5],0.54:[0.1,0.5],
0.55:[0.1,0.4], 0.6:[0.1,0.3], 0.7:[0.1,0.2],0.8:[0,0.2],0.9:[0,0.1]}
X = []
Y = []
for value in points.values():
    X.append(value[0])
    Y.append(value[1])
plt.scatter(X,Y,c = 'r',marker = 'o')
plt.plot(X,Y)
plt.xlim(0,1)
plt.ylim(0,1)
plt.xlabel('FPR')
plt.ylabel('TPR')
plt.show()
```

代码运行结果如图1-3所示。

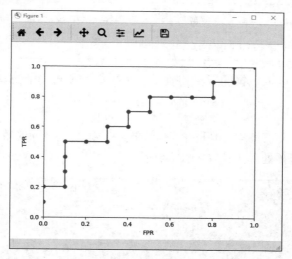

图1-3　ROC曲线

AUC指ROC曲线下的面积大小，该值能够量化地反映基于ROC曲线衡量出的模型性能。AUC越大，说明分类器越可能把真正的正样本排在前面，分类性能越好。

ROC曲线相比P-R曲线来说，当正负样本的分布发生变化时，ROC曲线的形状能够基本保持不变，而P-R曲线的形状一般会发生激烈的变化。这个特点让ROC曲线能够尽量降低不同测试集带来的干扰，更加客观地衡量模型本身的性能。

1.1.5　机器学习项目开发步骤

假设我们有个机器学习任务，是通过酒精度和颜色来区分红酒和啤酒。下面以机器学习如何区分啤酒和红酒为例（见图1-4），详细介绍一下机器学习中每一个步骤是如何工作的。

图 1-4　区分红酒和啤酒案例

1．数据收集与存储

我们先在超市买来一堆不同种类的啤酒和红酒，然后买来测量颜色的光谱仪和用于测量酒精度的设备，最后把买来的所有酒都标记出相应的颜色和酒精度，会形成下面这张表格（见表1-3）。

表1-3　选取数据特征

颜　　色	酒　精　度	种　　类
610	5	啤酒
599	13	红酒
693	14	红酒
…	…	…

这一步非常重要，因为数据的数量和质量直接决定了预测模型的好坏。

2．数据预处理

在本例中，数据是很工整的，但是在实际情况中，我们收集到的数据会有很多问题，所以会涉及数据清洗等数据预处理工作，如图1-5所示。

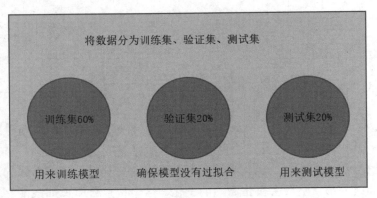

图 1-5　数据预处理

当数据本身没有什么问题后，我们将数据分成3个部分：训练集（60%）、验证集（20%）、测试集（20%），用于后面的验证和评估工作。

3. 选择一个模型

研究人员和数据科学家创造了许多模型。我们可以根据不同的数据特征选择不同的模型，有些模型非常适合图像数据，有些非常适合序列（如文本或音乐），有些适合数字数据，有些适合文本数据。

在本例中，由于只有两个特征——颜色和酒精度，因此我们可以使用一个小的线性模型，这是一个相当简单的模型。

4. 训练

大部分人都认为训练这一步是最重要的部分，其实并非如此，数据的数量、质量，以及模型的选择比训练本身更重要。将原始数据分为训练集和测试集（交叉验证），并利用训练集训练模型，这个过程不需要人来参与，机器可以独立完成，整个过程就像做算术题。因为机器学习的本质就是一个将现实问题转换为数学问题，然后解答数学题的过程。

5. 模型评估

一旦训练完成，就可以评估模型是否有用。这是我们之前预留的验证集和测试集发挥作用的地方。这个过程可以让我们看到模型是如何预测的，即模型在现实世界中是如何表现的。

6. 参数调整

完成模型评估后，我们可能希望了解是否可以使用任意方式进一步改进训练，这些可以通过调整参数来做到。当模型进行训练时，我们隐含地假设了一些参数，可以通过人为调整这些参数来让模型表现得更出色。

7. 预测

前面的6个步骤都是围绕预测来服务的，这也是机器学习的价值。在这一步，当我们买来一瓶新的酒，只要告诉机器酒的颜色和酒精度，模型就会告诉我们这瓶酒是啤酒还是红酒了。

1.2　机器学习的发展史和分类

本节简单介绍一下机器学习的发展史及其分类。

1.2.1　机器学习的发展史

虽然人工智能并不是最近几年才兴起的，但是它一直作为科幻元素出现在大众视野中。自2016年AlphaGo战胜李世石之后，人工智能突然间成了公众热议的话题，仿佛人类已经创造出了超越人类智慧的机器。人工智能的核心技术——机器学习及其子领域深度学习迅速成为瞩目的焦点。面对这个似乎从天而降的新现象，乐观者有之，悲观者亦有之。

追溯历史，我们会发现机器学习的技术爆发有其历史必然性，属于技术发展的必然产物。而理清机器学习的发展脉络，有助于我们整体把握机器学习或者人工智能的技术框架，有助于从"道"的层面来理解这一技术领域。本节就先从三大究极哲学问题中的后两个——"从哪来""到哪去"入手，整体把握机器学习，而后从"术"的角度深入学习，解决"是谁"的问题。

机器学习的发展并不是一帆风顺的，它的起源可以追溯到赫布理论的诞生。赫布于1949年基于神经心理提出了一种学习方法，该方法被称为赫布学习理论。大致可描述为：假设反射活动的持续性或反复性会导致细胞的持续性变化并增加其稳定性，当一个神经元A能持续或反复激发神经元B时，其中一个或两个神经元的生长或代谢过程都会变化。

从人工神经元或人工神经网络角度来看，赫布学习理论简单地解释了循环神经网络（Recurrent Neural Network，RNN）中节点之间的相关性关系（权重），即如果两个节点同时发生变化（无论是Positive还是Negative），那么节点之间有很强的正相关性（Positive Weight）；如果两者变化相反，那么说明有负相关性（Negative Weight）。

赫布学习理论在20世纪70年代曾陷入了瓶颈期，而后大数据时代开始，机器学习也在大数据的支持下复兴，因此我们可以大致将它的理念和运作模式按大数据时代前后分为浅层学习和深度学习。浅层学习起源20世纪70年代人工神经网络的反向传播（Back Propagation，BP）算法的发明，使得基于统计的机器学习算法大行其道，虽然这时候的人工神经网络算法也被称为多层感知机，但由于多层网络训练困难，因此通常都是只有一层隐含层的浅层模型。而深度学习则是多层神经网络的感知机，它的实质便是通过海量的数据进行更有效的训练，从而获得更精确的分类或预测。

1. 小数据时代（浅层学习）

1949年，Donald Hebb提出的赫布理论解释了人类学习过程中大脑神经元所发生的变化。赫布理论的诞生标志着机器学习领域迈出了第一步。1950年，阿兰·图灵创造了图灵测试（见图1-6）来判定计算机是否智能。图灵测试认为，如果一台机器能够与人类展开对话（通过电传设备）而不能被辨别出其机器身份，那么这台机器具有智能。这一简化使得图灵能够令人信服地说明"思考的机器"是可能的。

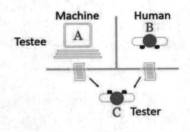

图1-6　图灵测试

2014年6月8日，一个叫作尤金·古斯特曼的聊天机器人成功地让人类相信它是一个13岁的男孩，成为有史以来首台通过图灵测试的计算机。这被认为是人工智能发展的一个里程碑事件。

1952年，IBM科学家亚瑟·塞缪尔（见图1-7）开发了一个跳棋程序。该程序能够观察当前位置，并学习一个隐含的模型，从而为后续动作提供更好的指导。塞缪尔发现，伴随着程序运行时间的增加，程序可以实现越来越好的后续指导。通过这个程序，塞缪尔驳倒了普罗维登斯提出的机器无法超越人类，无法像人类一样写代码和学习的理论。塞缪尔创造了"机器学习"这一术语，并将它定义为：可以提供计算机能力而无须显式编程的研究领域。同时，IBM首次定义并解释了"机器学习"，将它非正式定义为"在不直接针对问题进行编程的情况下，赋予计算机学习能力的一个研究领域"。

图 1-7　塞缪尔工作照

1957年，罗森·布拉特基于神经感知科学背景提出了第二模型，非常类似于今天的机器学习模型。这在当时是一个非常令人兴奋的发现，它比赫布的想法更适用。基于这个模型，罗森·布拉特设计出了第一个计算机神经网络——感知机（Perceptron），它模拟了人脑的运作方式。

罗森·布拉特对感知机的定义如下：感知机旨在说明一般智能系统的一些基本属性，它不会被个别特例或通常不知道的东西束缚，也不会因为那些个别生物有机体的情况而陷入混乱。

1960年，威德罗提出了Delta学习规则，也就是差量学习规则，即如今的最小二乘问题。这种学习规则随即被应用到感知机模型中，创建出更精确的线性分类器。随后机器学习的发展出现了瓶颈。

1967年，K邻近算法（K-Nearest Neighbor Algorithm，KNN）出现，使计算机可以进行简单的模式识别。KNN算法的核心思想是，如果一个样本在特征空间中与其k个最相邻的样本中的大多数都属于某一个类别，则该样本也属于这个类别，并具有该类别样本的特性，如图1-8所示。这就是所谓的"少数服从多数"原则。

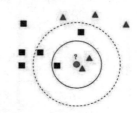

图 1-8　KNN 算法

1969年，明斯基提出了异域问题，指出了感知机的本质缺陷——面对线性不可分问题时无力，即当空间内的点无法被直线分类时，感知机便会束手无措。直到20世纪80年代末此算法才开始被接纳使用，并给机器学习带来了希望。人们发现，神经网络反向传播算法可以帮助机器从大量数据统计中整理规律，从而面对未知的事件做出推测。这时候的感知机只是一种含有一层隐藏层节点的浅层模型，这个时代的浅层学习也因此而得名。到了20世纪90年代，浅层学习进入黄金时代，各种各样的浅层学习模型被相继提出，这些模型大多数在实际运用中都取得了巨大的成功。

2. 大数据时代（深度学习）

随着人类对数据信息的收集和应用逐渐娴熟，对数据的掌控力逐渐提升，伟博斯在1981年的神经网络反向传播算法中具体提出了多层感知机模型。虽然BP算法早在1970年就已经以"自动微分的反向模型（Reverse Mode of Automatic Differentiation）"为名提出来了，但直到此时才真正发挥效用，并且直到今天，BP算法仍然是神经网络架构的关键因素。有了这些新思想，神经网络的研究又加快了。多层感知机如图1-9所示。

1985—1986年，机器学习在海量数据的支持下攀上了新的高峰，神经网络研究人员鲁梅尔哈特、辛顿、威廉姆斯、尼尔森相继提出了使用BP算法训练的多参数线性规划（MLP）的理念，成为后来深度学习的基石。

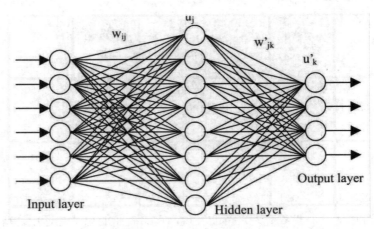

图 1-9   多层感知机

在另一个谱系中，昆兰于1986年提出了一种非常出名的机器学习算法，我们称之为决策树（见图1-10），更具体地说是ID3算法。这是另一个主流机器学习算法的突破点。此外，ID3算法也被发布成为一款软件，它能以简单的规划和明确的推论找到更多的现实案例，而这一特性正好和神经网络黑箱模型相反。

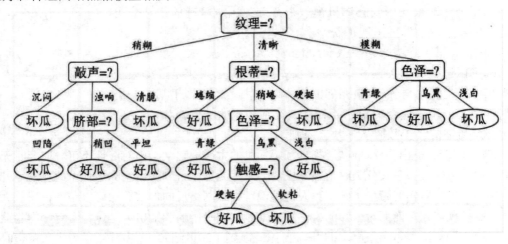

图 1-10   决策树

决策树是一个预测模型，它代表的是对象属性与对象值之间的一种映射关系。树中每个节点表示某个对象，而每个分叉路径则代表某个可能的属性值，每个叶节点则对应从根节点到该叶节点所经历的路径所表示的对象的值。

决策树仅有单一输出，若欲有复数输出，则可以建立独立的决策树以处理不同输出。在数据挖掘中，决策树是一种经常被使用的技术，可以用于分析数据，同样也可以用来进行预测。

在ID3算法提出来以后，研究社区已经探索了许多不同的选择或改进（如ID4、回归树、CART算法等），这些算法仍然活跃在机器学习领域中。

1990年，Schapire最先构造出一种多项式级的算法，这就是最初的Boosting算法。一年后，Freund提出一种效率更高的Boosting算法。但是，这两种算法存在共同的实践上的缺陷，那就是都要求事先知道弱学习算法学习正确的下限。

1995年，Freund和Schapire改进了Boosting算法，提出了AdaBoost（Adaptive Boosting）算法，该算法效率和Freund于1991年提出的Boosting算法几乎相同，但它不需要任何关于弱学习器的先验知识，因而更容易应用到实际问题当中。

Boosting方法是一种用来提高弱分类算法准确度的方法，这种方法先构造一个预测函数系列，然后以一定的方式将它们组合成一个预测函数。它是一种框架算法，主要通过对样本集的操作获得样本子集，然后用弱分类算法在样本子集上训练生成一系列的基分类器。

支持向量机（Support Vector Machine，SVM）的出现是机器学习领域的另一个重要突破，该算法具有非常强大的理论地位和实证结果。自SVM出现之后，机器学习研究也分为神经网络（Neural Network，NN）和支持向量机两派。

然而，自2000年左右提出了带核函数的支持向量机后，SVM在许多以前由NN为主的任务中获得了更好的效果。此外，相对于NN来说，SVM还能利用所有关于凸优化、泛化边际理论和核函数的深厚知识。因此，SVM可以从不同的学科中大力推动理论和实践的改进。

此时，神经网络又遭受到一个质疑。1991年Hochreiter等人和2001年Hochreiter等人的研究表明，在应用BP算法学习时，NN神经元饱和后会出现梯度损失（Gradient Loss）的情况。简单地说，在一定数量的epochs训练后，NN会产生过拟合现象。因此，这一时期与SVM相比，NN处于劣势地位。

决策树模型由布雷曼博士在2001年提出，它是一种通过集成学习的思想将多棵树集成的算法，它的基本单元是决策树，而它的本质属于机器学习的一大分支——集成学习（Ensemble Learning）方法。随机森林的名称中有两个关键词，一个是"随机"，另一个是"森林"。"森林"很好理解，一棵叫作树，那么成百上千棵就可以叫作森林了，这样的比喻还是很贴切的，其实这也是随机森林的主要思想——集成思想的体现。

从直观角度来解释，每棵决策树都是一个分类器（假设现在针对的是分类问题），那么对于一个输入样本，N棵树会有N个分类结果。而随机森林集成了所有的分类投票结果，并将投票次数最多的类别指定为最终的输出，这就是一种最简单的集成学习思想。

2006年，神经网络研究领域的领军者Hinton提出了神经网络Deep Learning算法，使神经网络的能力大大提高，并向支持向量机发出了挑战。同年，Hinton和他的学生Salakhutdinov在顶尖学术刊物*Science*上发表了一篇文章，开启了深度学习在学术界和工业界的浪潮。

这篇文章有两个主要的信息：①有很多隐藏层的人工神经网络具有优异的特征学习能力，学习到的特征对数据有更本质的刻画，从而有利于可视化或分类；②深度神经网络在训练上的难度可以通过"逐层初始化"（Layer-wise Pre-training）来有效克服。在这篇文章中，逐层初始化是通过无监督学习（Unsupervised Learning）来实现的。

2015年，为纪念人工智能概念提出60周年，LeCun、Bengio和Hinton推出了深度学习综述。

深度学习可以让那些拥有多个处理层的计算模型来学习具有多层次抽象的数据的表示。这些方法为人工智能的许多方面都带来了显著的改善，包括最先进的语音识别、视觉对象识别、对象检测和许多其他领域，例如药物发现等。深度学习能够发现大数据中的复杂结构。它利用BP算法来完成这个发现过程。BP算法能够指导机器如何从前一层获取误差，从而改变本层的内部参数，这些内部参数可以用于计算表示。深度卷积网络为图像、视频、语音和音频处理方面带来了突破，而递归网络在处理序列数据（例如文本和语音方面）时表现出闪亮的一面。

当前，统计学习领域热门的方法主要有Deep Learning和SVM，它们是统计学习的代表方法。可以认为神经网络与支持向量机都源自于感知机，但它们一直处于"竞争"关系。SVM应用核函数的展开定理，无须知道非线性映射的显式表达式；由于是在高维特征空间中建立线性学习机，因此与线性模型相比，不仅几乎不增加计算的复杂性，而且在某种程度上避免了"维数灾难"。而早先的神经网络算法比较容易过训练，需要设置大量的经验参数；训练速度比较慢，在层次比较少（小于或等于3）的情况下效果并不比其他方法更优。

神经网络模型似乎能够实现更加艰难的任务，如目标识别、语音识别、自然语言处理等。但是，这绝对不意味着其他机器学习方法已终结。尽管深度学习的成功案例迅速增长，但是对这些模型的训练成本是相当高的，调整外部参数也很麻烦。同时，SVM的简单性促使其仍然是使用最为广泛的机器学习方式。

1.2.2　机器学习分类

根据算法类型，机器学习可以分为4类，即监督学习（Supervised Learning）、无监督学习（Unsupervised Learning）、半监督学习（Semi-Supervised Learning）和强化学习（Reinforcement Learning）。机器学习分类示意图如图1-11所示，图中用灰色圆点代表没有标签的数据，其他颜色的圆点代表不同类别的有标签数据。

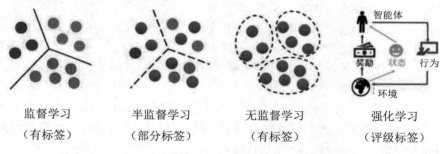

图1-11　机器学习分类

1. 监督学习

监督学习使用标记过的数据进行训练。所谓标记过的数据，指的是包含已知输入和输出的原始数据。其中输入数据中的每个变量都称为一个特征（Feature）值，而输出数据则是针对这些输入数据的对应输出的期望值，也称标签值。在监督学习中，计算机使用输入数据计算输出值，然后对比标签值计算误差，最后通过迭代寻找最佳模型参数。监督学习通常用于基于历史数据的未来事件预测，主要解决两类问题，即回归（Regression）和分类（Classification）。例如在天气预报中使用历史数据预测未来几天的温度、湿度和降雨量等就是典型的回归问题，其输出的数据是连续的。而分类问题的输出是不连续的离散值，例如，使用历史数据判断航班是否晚点就是一种二元分类问题，其输出值只有"是"和"非"两种。在实际情况中，有些场景既可以看作回归问题，也可以看作分类问题，例如在天气预报中将利用回归计算得到的温度值转换为"炎热"和"凉爽"的分类问题。

简单来说，监督学习是指我们给算法一个数据集，并且给定正确答案，机器通过数据集来学习正确答案的计算方法。

举例来说，我们准备了一大堆猫和狗的照片，想让机器学会识别猫和狗。当使用监督学习的时候，我们需要给这些照片打上标签，如图1-12所示。

图 1-12 给猫和狗的照片打标签

给照片打的标签就是"正确答案"，机器通过大量学习，就可以学会如何识别出猫和狗，如图1-13所示。

图 1-13 识别猫和狗的机器学习过程

这种通过大量人工打标签来帮助机器学习的方式就是监督学习。这种学习方式效果非常好，但是成本也非常高。

常用的监督学习算法包括K邻近算法（K-Nearest Neighbors，KNN）、线性回归（Linear Regression）、逻辑回归（Logistic Regression）、支持向量机（Support Vector Machine，SVM）、朴素贝叶斯（Naive Bayes）、决策树（Decision Tree）、随机森林（Random Forest）、神经网络（Neural Network）和卷积神经网络（Convolutional Neural Networks，CNN）等。

2. 半监督学习

半监督学习与监督学习的应用场景相同，主要面向分类和回归。但半监督学习使用的原始数据只有一部分有标签，因为无标签数据的获取成本更低。在实际场景中，用户会倾向于使用少量的标签数据与大量的无标签数据进行训练。例如，在图像识别领域，先在大量含有特定物体的原始图像中挑选部分图像进行手工标注，然后就可以使用半监督学习对数据集进行训练，从而得到能够从图像中准确识别物体的模型。

常用的半监督学习算法包括协同训练（Co-Training）和转导支持向量机（Transductive Support Vector Machine，TSVM）等。

3. 无监督学习

与监督学习不同，无监督学习所使用的原始数据的输出部分没有标签，也就是说，在训练的时候并不知道期望的输出是什么。所以，无监督学习并不像监督学习那样预测输出结果，而是解决输入数据的聚类（Clustering）和特征关联（Correlation）问题，目标是通过训练来发现输入数据中存在的共性特征，或者发现特征值之间的关联关系。其中，聚类算法根据对象属性进行分组。

简单来说，无监督学习中，给定的数据集没有"正确答案"，所有的数据都是一样的，无监督学习的任务是从给定的数据集中挖掘出潜在的结构。

举个例子，我们把一堆猫和狗的照片给机器，不给这些照片打任何标签，但是我们希望机器能够将这些照片分类，如图1-14所示。

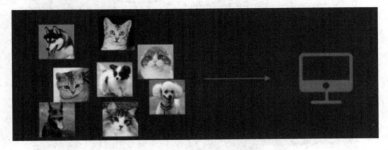

图 1-14　数据输入机器

通过学习，机器会把这些照片分为两类，一类都是猫的照片，另一类都是狗的照片，如图1-15所示。虽然跟监督学习的结果看上去差不多，但二者有着本质的差别：无监督学习中，虽然照片分为了猫和狗，但是机器并不知道哪个是猫，哪个是狗。对于机器来说，相当于分成了A、B两类。

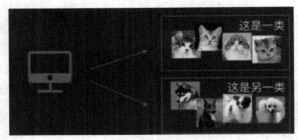

图 1-15　机器分类

常用的无监督学习算法包括K均值聚类（K-Means Clustering）、主成分分析（Principal Component Analysis，PCA）算法、自组织映射（Self-Organizing Map，SOM）神经网络和受限玻尔兹曼机（Restricted Boltzmann Machine，RBM）等。

4. 强化学习

强化学习主要由智能体（Agent）、环境（Environment）、状态（State）、动作（Action）、奖励（Reward）组成。智能体执行了某个动作后，环境将会转换到一个新的状态，并对该新的状态给出奖励信号（正奖励或者负奖励），随后，智能体根据新的状态和环境反馈的奖励，按照一定的策略执行新的动作。上述过程为智能体和环境通过状态、动作、奖励进行交互的方式。

智能体通过强化学习，可以知道自己在什么状态下，应该采取什么样的动作，使得自身获得最大奖励。由于智能体与环境的交互方式与人类与环境的交互方式类似，因此可以认为强化学习是一套通用的学习框架,可以用来解决通用人工智能的问题。由此,强化学习也被称为通用人工智能的机器学习方法。

强化学习面向决策链问题,在不断变化的状态下,强化学习的目的是确定当前状态下的最佳决策。因为当前的决策往往无法立刻被验证和评估,所以强化学习往往没有大量的原始数据,计算机需要进行大量的试错学习,基于错误发现哪些行动能产生最大的回报,再根据规则找到生成最佳结果的最优路径。强化学习的目标是学习最好的策略,通常用于机器人、自动驾驶、游戏和棋类等,最典型的场景就是打游戏。例如《王者荣耀》里面的那些人机,都是训练出来的,我们不同段位的玩家遇到的人机的能力也是有区别的。

1.3　机器学习常用术语

机器学习是一门专业性很强的技术,它大量地应用了数学、统计学上的知识,因此总会有一些陌生的词汇,这些词汇就像“拦路虎”一样阻碍着我们前进,甚至把我们吓跑。本节就来介绍机器学习中常用的术语,为后续的学习打下坚实的基础。

1. 模型

模型这一词语将会贯穿整个教程的始末,它是机器学习中的核心概念。可以把它看作一个“魔法盒”,我们向它许愿(输入数据),它就会帮我们实现愿望(输出预测结果)。整个机器学习的过程都将围绕模型展开,训练出一个最优质的“魔法盒”,它可以尽量精准地实现我们许的“愿望”,这就是机器学习的目标。

2. 数据集

数据集,从字面意思很容易理解,它表示一个承载数据的集合。如果说“模型”是“魔法盒”,那么数据集就是负责给它充电的“能量电池”。简单地说,如果缺少了数据集,那么模型就没有存在的意义了。数据集可划分为“训练集”和“测试集”,它们分别在机器学习的“训练阶段”和“预测输出阶段”起着重要的作用。

3. 样本与特征

样本指的是数据集中的数据,一条数据被称为“一个样本”。通常情况下,样本会包含多个特征值,用来描述数据,例如现在有一组描述人体形态的数据“180 70 25”,如果单看数据我们会感到茫然,但是用“特征”描述后就会变得容易理解,如表1-4所示。

表1-4　样本与特征

身高(cm)	体重(kg)	年龄
180	70	25

由上表可知,数据集的构成是“一行一样本,一列一特征”。特征值也可以理解为数据的相关性,每一列的数据都与这一列的特征值相关。

4. 向量

"向量"是一个常用的数学术语，也是机器学习的关键术语。向量在线性代数中有着严格的定义。向量也称欧几里得向量、几何向量、矢量，指具有大小和方向的量。可以形象地把它理解为带箭头的线段，箭头代表向量的方向，线段长度代表向量的大小。与向量对应的量叫作数量（物理学中称标量），数量只有大小，没有方向。

在机器学习中，模型算法的运算均基于线性代数运算法则，例如行列式、矩阵运算、线性方程等。这些运算法则学习起来其实并不难，它们都有一定的运算规则，只需套用即可，因此读者不必彷徨，可以参考向量运算法则。向量的计算可采NumPy库来实现，示例如下。

【程序1.3】num_cal.py

```python
import numpy as np
#构建向量数组
a=np.array([-1,2])
b=np.array([3,-1])
#加法
a_b=a+b
#数乘
a2=a*2
b3=b*(-3)
#减法
b_a=a-b
print(a_b,a2,b3,b_a)
```

简而言之，数据集中的每一个样本都是一条具有向量形式的数据。

5. 矩阵

矩阵也是一个常用的数学术语，可以把它看作由向量组成的二维数组。数据集就是以二维矩阵的形式存储数据的，可以把它形象地理解为电子表格，"一行一样本，一列一特征"，表现形式如表1-5所示。

表1-5   数据特征描述

样本序号	A特征	B特征	C特征	D特征	E结果
1	x1	x2	x3	x4	y1
2	x1	x2	x3	x4	y2
3	x1	x2	x3	x4	y3
4	x1	x2	x3	x4	y4
5	x1	x2	x3	x4	y5
6	x1	x2	x3	x4	y6

如果用二维矩阵的表示的话，其格式如下：

$$\begin{bmatrix} & A & B & C & D & E \\ 1 & x1 & x2 & x3 & x4 & y1 \\ 2 & x1 & x2 & x3 & x4 & y2 \\ 3 & x1 & x2 & x3 & x4 & y3 \\ 4 & x1 & x2 & x3 & x4 & y4 \\ \cdots & \cdots & \cdots & \cdots & \cdots & \cdots \end{bmatrix}$$

6. 假设函数与损失函数

机器学习在构建模型的过程中会应用大量的数学函数，正因为如此，很多初学者对它产生畏惧，那么它们真的有这么可怕吗？其实笔者认为至少没有想象中的那么可怕。从编程角度来看，这些函数就相当于模块中内置好的方法，只需要调用相应的方法，就可以达成想要的目的。而要说难点，首先就是要理解应用场景，然后根据实际的场景去调用相应的方法，这才是我们更应该关注的问题。

假设函数（Hypothesis Function）和损失函数（Loss Function）是机器学习中的两个概念，它并非某个模块下的函数或方法，而是我们根据实际应用场景确定的一种函数形式，就像我们解决数学应用题一样，根据题意写出解决问题的方程组。下面分别来看一下它们的含义。

1）假设函数

假设函数可表述为 $y = f(x)$，其中 x 表示输入数据，y 表示输出的预测结果，而这个结果需要不断地优化才会达到预期的结果，否则会与实际值偏差较大。

2）损失函数

损失函数又叫目标函数，简写为 $L(x)$。这个 $L(x)$ 的值是假设函数得出的预测结果 y，如果 $L(x)$ 的返回值越大，就表示预测结果与实际偏差越大；如果 $L(x)$ 的返回值越小，则证明预测值越来越"逼近"真实值，这才是机器学习最终的目的。因此，损失函数就像一个度量尺，让我们知道"假设函数"预测结果的优劣，从而做出相应的优化策略。

3）优化方法

"优化方法"可以理解为假设函数和损失函数之间的沟通桥梁。通过 $L(x)$ 可以得知假设函数输出的预测结果与实际值的偏差值，当该值较大时，就需要做出相应的调整，这个调整的过程叫作"参数优化"。而如何实现优化呢？这也是机器学习过程中的难点。其实为了解决这一问题，数学家们早就给出了相应的解决方案，例如梯度下降、牛顿法与拟牛顿法、共轭梯度法等。因此，我们要做的就是理解并掌握"科学巨人"留下的理论、方法。

对于优化方法，我们要根据具体的应用场景来选择，因为每一种方法都有自己的优劣，只有合适的才是最好的。

上述函数的关系如图1-16所示。

7. 拟合、过拟合与欠拟合

拟合是机器学习中的重要概念，也可以说机器学习的研究对象就是让模型能更好地拟合数据。那么，到底如何理解"拟合"这个词呢？

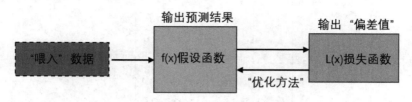

图 1-16　函数关系图

1）拟合

形象地说，"拟合"就是把平面坐标系中一系列散落的点，用一条光滑的曲线连接起来，因此拟合也被称为"曲线拟合"。拟合的曲线一般用函数来表示，但是由于拟合曲线会存在许多种连接方式，因此就会出现多种拟合函数。通过研究、比较确定一条最佳的"曲线"也是机器学习中一个重要的任务。如图1-17所示，展示了一条拟合曲线。

> 提示　很多和数学相关的编程语言都内置了计算拟合曲线的函数，例如 MATLAB、Python SciPy等，在后续内容中还会介绍。

2）过拟合

过拟合是机器学习模型训练过程中经常遇到的问题。所谓过拟合，通俗来讲就是模型的泛化能力较差，也就是过拟合的模型在训练样本中表现优越，但是在验证数据以及测试数据集中表现不佳。

举一个简单的例子，例如训练一个识别狗狗照片的模型，如果只用金毛犬的照片训练，那么该模型就只吸纳了金毛犬的相关特征，此时让训练好的模型识别一条泰迪犬，那么结果可想而知，该模型会认为泰迪犬不是一条狗。过拟合曲线如图1-18所示。

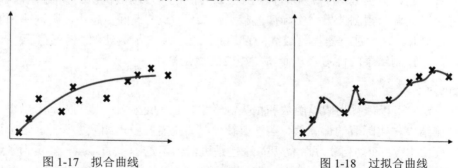

图 1-17　拟合曲线　　　　　　　　图 1-18　过拟合曲线

过拟合问题之所以在机器学习中经常遇道，主要是因为训练时样本过少、特征值过多导致的，本书后续还会详细介绍。

3）欠拟合

欠拟合（Underfitting）恰好与过拟合相反，它指的是"曲线"不能很好地"拟合"数据。在训练和测试阶段，欠拟合模型表现均较差，无法输出理想的预测结果。欠拟合曲线如图1-19所示。

造成欠拟合的主要原因是没有选择好合适的特征值，例如使用一次函数（$y = kx + b$）去拟合具有对数特征的散落点（$y = \log 2x$），示例如图1-20所示。

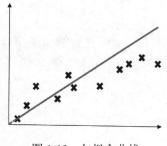
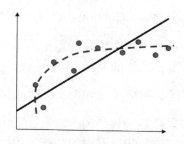

图 1-19　欠拟合曲线　　　　　　　　　　图 1-20　欠拟合示例

　　总之，过拟合可以理解为模型把非目标物识别成了目标物。我们想要识别的非目标物，它的一些特征没有那么明显，但因为模型被"喂"了过大的训练集或者训练轮数过多，所以模型把这些特征认为是目标物的特有特征。欠拟合是由于"喂"给模型的训练集过少、算法有缺陷等原因导致的。欠拟合可以理解为最终输出的模型不能完成我们希望模型完成的任务，也就是模型识别不出来我们想要识别的东西。

　　欠拟合和过拟合是机器学习中会遇到的问题，这两种情况都不是我们期望看到的，因此要避免。关于如何处理类似问题，我们在本书后续内容中还会陆续讲解，本节只需要熟悉并理解常见的机器学习术语和一些概念即可。

8. 激活函数（Activation Function）

　　激活函数（例如ReLU或Sigmoid）将前一层所有神经元激活值的加权和输入一个非线性函数中，然后向下一层传递该函数的输出值（典型的非线性）。

9. 反向传播（Backpropagation）

　　反向传播算法是神经网络中完成梯度下降的重要算法。首先，在前向传播的过程中计算每个节点的输出值；然后，在反向传播的过程中计算与每个参数对应的误差的偏导数。

10. 基线（Baseline）

　　基线是指用作比较参考的简单模型，它帮助模型开发者量化模型在特定问题上的预期表现。

11. 批量（Batch）

　　批量是指模型训练中一个迭代（指一次梯度更新）所使用的样本集。

12. 批量大小（Batch Size）

　　批量大小指一个批量中样本的数量。例如，SGD的批量大小为1，而mini-batch的批量大小通常为10~1000。批量大小通常在训练与推理的过程中确定，但是TensorFlow 框架不允许动态更改批量大小。

13. 二元分类器（Binary Classification）

　　二元分类器输出两个互斥（不相交）类别中的一个。例如，一个评估邮件信息并输出垃圾邮件或非垃圾邮件的机器学习模型就是一个二元分类器。

14．标定层（Calibration Layer）

标定层是一种调整后期预测的结构，通常用于解释预测偏差。调整后的预期和概率必须匹配一个观察标签集的分布。

15．候选采样（Candidate Sampling）

候选采样是一种在训练时进行的优化方法，使用Softmax等算法计算所有正标签的概率，同时只计算一些随机取样的负标签的概率。

16．检查点（Checkpoint）

检查点指在特定时刻标记模型变量的状态的数据。检查点允许输出模型的权重，也允许通过多个阶段训练模型。检查点还允许跳过错误继续进行（例如，抢占作业）。注意，模型自身的图式并不包含于检查点内。

17．类别（Class）

所有同类属性的目标值作为一个标签。

18．类别不平衡数据集（Class-Imbalanced Data Set）

数据集样本类别极不平衡，一般针对二元分类问题，表示两个类别的标签的分布频率有很大的差异。

19．分类模型（Classification）

机器学习模型的一种，将数据分离为两个或多个离散类别。例如，一个自然语言处理分类模型可以将一句话归类为法语、西班牙语或意大利语。分类模型与回归模型（Regression Model）成对比。

20．分类阈值（Classification Threshold）

分类阈值指应用于模型的预测分数以分离正类别和负类别的一种标量值标准。当需要将逻辑回归的结果映射到二元分类模型中时，就需要使用分类阈值。

21．混淆矩阵（Confusion Matrix）

混淆矩阵指总结分类模型的预测结果的表现水平（即标签和模型分类的匹配程度）的 $N \times N$ 维表格。混淆矩阵的一个轴列出模型预测的标签，另一个轴列出实际的标签。N表示类别的数量。

22．连续特征（Continuous Feature）

连续特征拥有无限个取值点的浮点特征。和离散特征（Discrete Feature）相反。

23．收敛（Convergence）

训练过程达到的某种状态，其中训练损失和验证损失在经过确定的迭代次数后，在每一次迭代中改变很小或完全不变。换句话说，当对当前数据继续训练而无法再提升模型的表现水平的时候，就称模型已经收敛。在深度学习中，损失值在下降之前，有时候经过多次迭代仍保持常量或者接近常量，就会造成模型已经收敛的错觉。

24. 凸函数（Convex Function）

一种形状大致呈字母U形或碗形的函数。但是，在退化情形中，凸函数的形状就像一条线。

25. 交叉熵（Cross-Entropy）

多类别分类问题中对Log损失函数的推广。交叉熵量化两个概率分布之间的区别。参见困惑度（Perplexity）。

26. 数据集（Data Set）

样本的集合。

27. 决策边界（Decision Boundary）

在一个二元分类或多类别分类问题中，模型学习的类别之间的分离器。

28. 深度模型（Deep Model）

一种包含多个隐藏层的神经网络。深度模型依赖于其可训练的非线性性质。和宽度模型（Wide Model）对照。

29. 密集特征（Dense Feature）

大多数取值为非零的一种特征，通常用取浮点值的张量（Tensor）表示。和稀疏特征（Sparse Feature）相反。

30. Dropout正则化（Dropout Regularization）

训练神经网络时一种有用的正则化方法。Dropout正则化的过程是在单次梯度计算中删去一层网络中随机选取的固定数量的单元。删去的单元越多，正则化越强。

31. 动态模型（Dynamic Model）

动态模型是一种以连续更新的方式在线训练的模型，即数据连续不断地输入模型。

32. 早期停止法（Early Stopping）

一种正则化方法，在训练损失完成下降之前停止模型训练过程。当验证数据集（Validation Data Set）的损失开始上升的时候，即泛化表现变差的时候，就应该使用早期停止法。

33. 嵌入（Embeddings）

一类表示为连续值特征的明确的特征。嵌入通常指将高维向量转换到低维空间中。

34. 集成（Ensemble）

多个模型预测的综合考虑。

35. 评估器（Estimator）

评估器是一种封装了各种机器学习模型的工具，是拟合和训练数据的机器学习算法或者其他算法的抽象。

36. 样本（Example）

一个数据集的一行内容。一个样本包含了一个或多个特征，也可能是一个标签。参见标注样本（Labeled Example）和无标注样本（Unlabeled Example）。

37. 假负类（False Negative，FN）

被模型错误预测为负类的样本。例如，模型推断一封邮件为非垃圾邮件（负类），但实际上这封邮件是垃圾邮件。

38. 假正类（False Positive，FP）

被模型错误预测为正类的样本。例如，模型推断一封邮件为垃圾邮件（正类），但实际上这封邮件是非垃圾邮件。

39. 假正类率（False Positive Rate，FP率）

ROC曲线中的x轴。FP 率的计算公式是：假正率=假正类数/(假正类数+真负类数)。

40. 特征列（Feature Columns）

具有相关性的特征的集合，例如用户可能居住的所有国家的集合。一个样本的一个特征列中可能会有一个或者多个特征。

41. 特征集（Feature Set）

特征集指机器学习模型训练的时候使用的特征群。例如，邮政编码、面积要求和物业状况等，可以组成一个简单的特征集，使模型能预测房价。

42. 特征定义（Feature Spec）

特征指的是描述一个实例的属性或特征，也可以称为自变量（independent variable）或输入变量（input variable）。

43. 泛化（Generalization）

泛化是指模型利用新的没见过的数据而不是训练数据做出正确预测的能力。

44. 广义线性模型（Generalized Linear Model）

广义线性模型是线性模型的扩展，通过连接函数建立响应变量的数学期望值与线性组合的预测变量之间的关系。

45. 梯度（Gradient）

在机器学习中，梯度是模型函数的偏导数向量。梯度指向最陡峭的上升路线。

46. 梯度截断（Gradient Clipping）

在应用梯度之前先修饰数值，梯度截断有助于确保数值稳定性，防止梯度爆炸出现。

47. 梯度下降（Gradient Descent）

梯度下降通过计算模型的相关参数和损失函数的梯度来最小化损失，值取决于训练数据。梯度下降迭代地调整参量，逐渐靠近权重和偏置的最佳组合，从而最小化损失函数。

48. 图（Graph）

图是由节点（Node）和边（Edge）组成的一种数据结构，用于描述事物之间的关系。图近来正逐渐变成机器学习的一大核心领域，例如，可以通过图来预测潜在的连接，从而理解社交网络的结构、检测欺诈、理解汽车租赁服务的消费者行为，或者进行实时推荐。

1.4　本 章 小 结

本章从应用的角度介绍机器学习的基本概念、机器学习三要素和核心、机器学习开发流程、机器学习模型评价指标，以及机器学习的发展及分类。从了解机器学习到熟悉机器学习，再到精通机器学习，这是一个融会贯通的过程。机器学习已经在人工智能、自然语言处理、图像识别、医学、金融等领域得到广泛的应用，成为当今信息技术发展中的热点和趋势之一，这也使得机器学习成为各个领域和行业不可或缺的技术成分。从基础理论和应用的角度了解和学习机器学习，有利于学习者更快进入这个领域当中。

第 2 章
Python数据处理基础

随着互联网的普及和物联网的发展，数据已成为我们日常生活中必不可少的一部分，而大数据也已成为当今信息时代中最具代表性的新兴技术之一。大数据处理是指通过对大量数据的收集、存储、处理、分析和挖掘，从中获取有价值的信息和知识，用于辅助管理、决策和业务创新。Python作为一种简单易学的具有开放性、高效性和数据处理能力强的编程语言，已经成为大数据处理的热门选择之一，有着广泛的应用和丰富的资源。

Python数据类型、条件控制、文件读写和存储、循环结构、函数和模块等内容，是大数据处理的基础，需要熟练掌握。Python数据类型既可单独使用，也能相互组合使用，这极大地增强了Python的灵活性和实用性。Python语言的条件控制语句if和循环结构语句for/while等，可实现数据筛选、排序、分组、计数和统计等功能，是实现大数据处理的核心代码。而Python的函数和模块，则可将代码分割成逻辑结构清晰、易于维护和复用的模块，从而减少了代码冗余和出错率，并提高了数据处理效率。

本章主要知识点：

❖ Python开发环境搭建
❖ Python基本数据类型
❖ Python文件基本操作

2.1　Python 开发环境搭建

Python是一种高级编程语言，它具有简单易学、可读性强、功能强大等特点，在各个领域都有广泛的应用。为了能够使用Python进行编程，首先需要搭建一个Python开发环境。本节将介绍Python开发环境的搭建和Python包管理工具的使用。

2.1.1　安装Python解释器

Python是跨平台的，它可以运行在Windows、macOS和各种Linux/UNIX系统上。在Windows

上写的Python程序，放到Linux上也能够运行。要学习Python编程，就需要安装Python解释器，下面我们以Windows系统为例，讲解Python解释器的安装方法。

　　从Python官方网站（https://www.python.org/downloads/）下载Python安装包，截止到2024年1月，最新版本为 Python 3.12.1，如图2-1所示。读者可以选择适合自己操作系统的版本进行下载，安装过程中需要选择安装路径和添加环境变量。

图 2-1　Python 官方网站下载页面

　　这里，我们使用Python 3.9.13版本，在Python官方网站下载页面查找关键字"3.9.13"，结果如图2-2所示，单击Windows install (64-bit)链接下载python-3.9.13-amd64.exe安装文件。

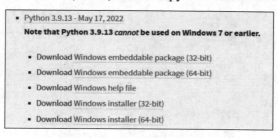

图 2-2　Python3.9.13 下载链接

　　双击这个可执行安装程序，打开如图2-3所示的安装引导界面。在引导界面中，勾选Add Python 3.9 to PATH前面的复选框，把Python的可执行文件路径添加到Windows操作系统的PATH环境变量中，以便于以后的开发和运行各种Python工具。

图 2-3　安装引导界面

选择Install Now默认安装，安装成功后的界面如图2-4所示，单击Close按钮关闭界面。

图 2-4　安装成功

单击Windows系统的开始菜单，在菜单中可以看到Python 3.9选项，界面如图2-5所示。

图 2-5　开始菜单中的 Python 选项

2.1.2　Python运行方法

本节以Windows系统为例，讲解一下Python的运行方法。后面2.2节、2.3节中比较简单的示例代码，就可以使用下面介绍的命令行方式或者IDLE方式来运行。

1. 命令行运行方式

打开Windows命令行窗口cmd，或者终端管理员窗口，在控制台输入"**python**"，然后在命令提示符>>>后面输入如下代码：

```
print("Hello World!")
```

按Enter键后，将输出"Hello World!"，完成第一个程序的运行，如图2-6所示。本书示例代码中比较短的代码段，可以通过这个方式执行，操作十分方便。

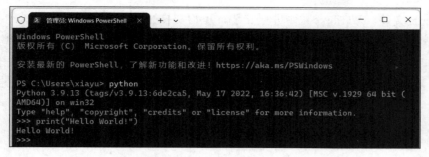

图 2-6　通过命令行启动交互式 Python 运行环境

或者，通过单击开始菜单中的Python选项，直接以命令行方式启动Python解释器。

2. IDLE运行方式

通过开始菜单中的IDLE（Python 3.9 64-bit)选项，启动Python自带的集成开发运行环境IDLE。启动后，在命令提示符>>>后面输入程序代码，如图2-7所示。

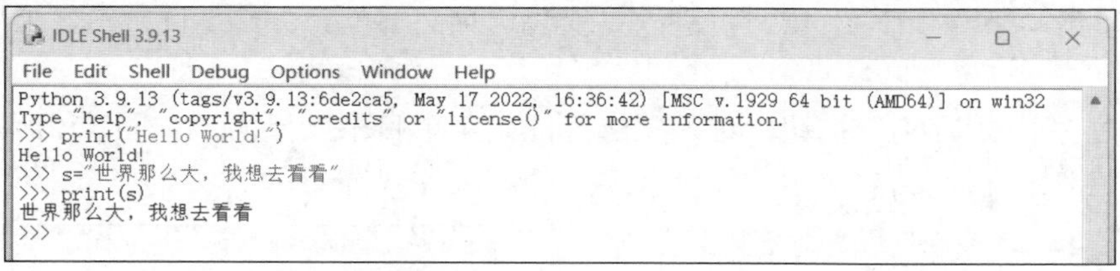

图 2-7　通过 IDLE 交互式运行 Python 代码

2.1.3　安装PyCharm

Python集成开发环境（IDE）可以提供更好的编程体验，常用的IDE有PyCharm、Visual Studio Code等。读者可以选择适合自己使用的IDE。

PyCharm官方网站上有两个版本：一个是Professional（专业版），其功能非常强大，适合Python Web开发人员，需要付费；另一个版本是Community（社区版），相当于专业版的简化版，比较轻量级，适合Python数据分析人员。下载PyCharm社区版的界面如图2-8所示。

图 2-8　下载 PyCharm 社区版页面

1. 安装

首先直接单击图2-8中的Download按钮下载最新版的PyCharm，然后找到下载下来

PyCharm安装文件，双击.exe文件进行安装。开始安装的界面如图2-9所示。

直接单击"下一步(N)"按钮，进入如图2-10所示的"选择安装位置"界面，在这里设置PyCharm的安装路径（保留默认目录即可）。

图 2-9　开始安装界面　　　　　　　　　图 2-10　设置 PyCharm 安装路径

继续单击"下一步(N)"按钮，进入"安装选项"界面，如图2-11所示，把所有的检查框全部勾选上。

再单击"下一步(N)"按钮，进入"选择开始菜单目录"界面，如图2-12所示，直接单击"安装(I)"按钮进行安装。

图 2-11　安装选项　　　　　　　　　　　图 2-12　选择开始菜单目录

安装完成后，出现如图2-13所示的界面，单击"完成(F)"按钮重启系统。

图 2-13　安装成功

注意，首次启动PyCharm，会自动进入配置PyCharm的过程（选择 PyCharm 界面显示风格、安装中文插件等），读者可根据自己的喜好进行配置。由于配置过程非常简单，这里不再给出具体图示。

2. 配置解释器

本书示例源码可以放在PyCharm项目目录下，比如"C:\Users\xiayu\PycharmProjects\机器学习实战-源码"。我们在Windows桌面上双击PyCharm图标，打开创建项目的窗口，如图2-14所示。单击Open按钮，打开本书示例源码目录，如图2-15所示。

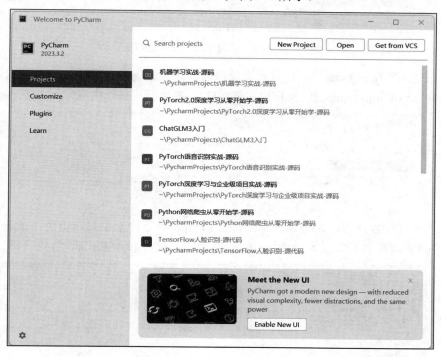

图 2-14　PyCharm 初始化界面

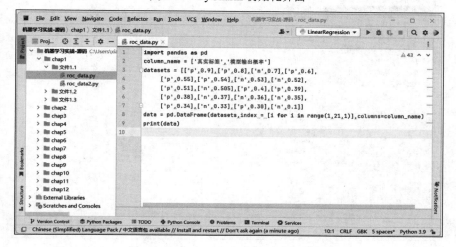

图 2-15　在 PyCharm 上打开一个项目

在PyCharm主菜单栏上，依次单击File→Settings菜单项，打开Settings界面，如图2-16所示。在此界面中，可以看到<No interpreter>，表示未设置Python解释器。

图 2-16 设置 Python 解释器界面

单击右边Add Interpreter选项，打开新窗口为项目设置Python解释器。如图2-17所示，在窗口左侧选择 System Interpreter，在窗口右侧单击 ⋯ 按钮，从系统中选定python.exe。

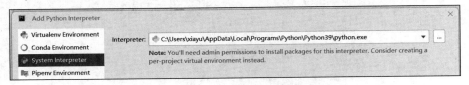

图 2-17 添加 Python 解释器界面

此时界面如图2-18所示，可以看到Python Interpreter下拉框中显示出可用的Python解释器。单击OK按钮完成配置后，就可以在PyCharm上编辑、运行和调试代码了。

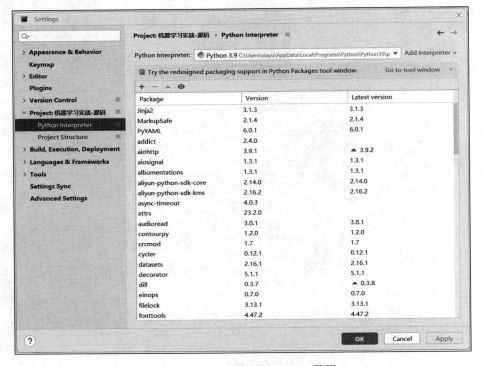

图 2-18 Python 解释器 Settings 界面

2.1.4　Python包管理工具

Python中的easy_install和pip是两个常用的包管理工具，它们可用于安装Python模块或库，并自动处理依赖关系，从而简化了Python包的安装过程。本节将详细讲解easy_install和pip的安装及使用。

1. 安装easy_install

安装easy_install的方式有多种，这里以安装setuptools工具包的方式为例进行讲解：

（1）下载setuptools工具包。可以从https://pypi.python.org/pypi/setuptools下载最新版本的setuptools。

（2）解压下载下来的setuptools文件。进入解压目录，运行以下命令：

```
python setup.py install
```

这个命令会自动安装easy_install。

要使用easy_install安装Python包，只需使用以下命令：

```
easy_install package_name
```

其中，package_name是需要安装的Python包的名称。

例如，安装最新版的requests包，可以使用以下命令：

```
easy_install requests
```

2. 安装pip

安装pip的方式也有多种，这里介绍两种方法：

（1）使用Python自带的脚本安装pip，这个方法会下载pip的安装文件，并自动安装：

```
curl https://bootstrap.pypa.io/get-pip.py -o get-pip.py
python get-pip.py
```

（2）使用操作系统自带的包管理器安装pip，例如Ubuntu系统可以使用以下命令：

```
sudo apt-get install python-pip
```

使用pip安装Python包更为简单，只需使用以下命令：

```
pip install package_name
```

例如，安装最新版的NumPy包，可以使用以下命令：

```
pip install numpy
```

有时可能需要安装指定版本的Python包，这时可以使用以下命令：

```
pip install package_name==version_number
```

例如，安装特定版本的Pandas包，可以使用以下命令：

```
pip install pandas==1.0.5
```

2.1.5　安装Jupyter Notebook

Jupyter Notebook提供了一个代码运行环境，用户可以在里面编写代码、运行代码、查看结果，并可视化数据。本书示例源码建议在Jupyter Notebook中运行，其安装方法是在终端管理员窗口运行如下命令：

```
pip install jupyter -i https://pypi.tuna.tsinghua.edu.cn/simple/
```

运行方法是在终端管理员窗口执行如下命令：

```
jupyter notebook
```

执行命令之后，在终端中将会显示一系列Notebook的服务器信息，如图2-19所示。

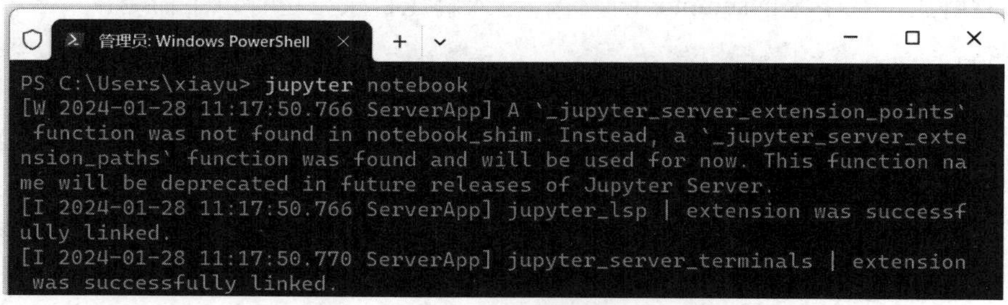

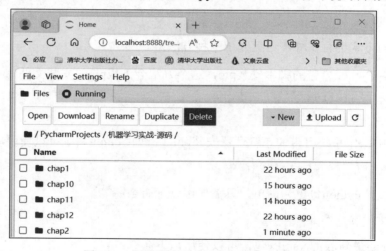

图 2-19　运行 Notebook 服务器

同时将会自动启动系统默认的浏览器，打开Jupyter Notebook运行环境，界面如图2-20所示。

图 2-20　浏览器中 Jupyter Notebook 界面

使用Notebook运行环境时，不能关闭图2-19所示的终端管理员窗口，否则Notebook服务会被关闭。如果关闭了，可以重新在终端管理员窗口中运行jupyter notebook命令，打开Notebook服务。

如果要打开并运行Notebook代码文件，比如打开2.2节的"2.2.ipynb"，可以在图2-20所示的界面中，按目录层次找到这个示例文件，双击打开并逐个运行代码段，并可在代码段下方实时看到代码执行结果，如图2-21所示。

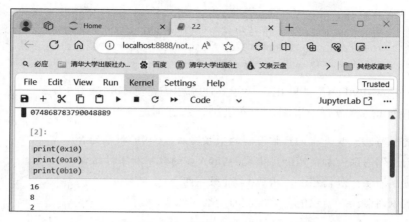

图 2-21　在 Notebook 界面中打开示例文件

2.2　Python 基本数据类型

Python是一种高级编程语言，它支持多种数据类型。什么是数据类型？在Python中，数据类型是指变量所存储的数据的类型。数据类型在数据结构中的定义是一组性质相同的值的集合，以及定义这个值集合上的一组操作的总成。

每一门编程语言都有自己的数据类型，例如常见的数字1、2、3等，字符串"小明""age""&D8"等，这些都是数据类型中的一种。Python中的基本数据类型包括数值型、字符串、列表、元组、集合与字典。下面对这些数据类型分别进行详细介绍。

2.2.1　数值型

Python中的数值型数据类型主要有整型（int）、浮点数型（float）、布尔类型（bool）和复数类型（complex）。

1. 整型

（1）在Python中，int是唯一的整数类型，并且在Python 3中它可以表示任意大小的整数。例如：

```
print(9 ** 999)
```

9 ** 999的意思是9的999次方，运行结果为：

```
194207916588072401073330513240517841169895831937243168645765334645631807358586165476831829984964567897289883410682808509863485381763945405279379355788182053541434708898886353264614403164257835946591015853500491562156765579388944516423770646547300211711400609344237550775485394558425026601257627110879613741893863295847627378504481736441703291029360564416718984718052676789493826372811349572386149787861703350363229770343522164432121091627871310618608734044108407173015970850780786711471108639762810760748899301375323974504010469298672123113693793242558662498267897607159946316136440215024585534972601864730717278590674861331708227340510282977338127859756479389
```

076075528672989549862138485404935127984793120586289288424045660573066638008624179879066798350622453419082976217706653276687992598885030141711458658381360884807741768071789239593772708382532520992894115725948613681993478965648216640862698897925988931145600683858128653568049999074868783790048889

这么大的数据Python都能输出，换作其他编程语言基本就报错了吧。

（2）Python的整数有十进制、十六进制、八进制、二进制4种。

- 十进制写法：就是我们日常用到的数字写法，0~9的数字组合。
- 十六进制写法：加前缀0x，出现0~9和A~F的数字和字母组合。
- 八进制写法：加前缀0o，出现0~7的数字组合。
- 二进制写法：加前缀0b，只有0和1的数字组合。

运行时，非十进制整数会自动转换为十进制输出，例如：

```
print(0x10)
print(0o10)
print(0b10)
```

运行结果为：

```
16
8
2
```

2. 浮点数型

（1）浮点数只能以十进制表示，不能加前缀，否则会报语法错误。

（2）浮点数有长度限制，边界值为：

```
max=1.7976931348623157e+308 min=2.2250738585072014e-308
```

3. 布尔类型

布尔类型是Python中用于存储真假值的数据类型。布尔型变量只有两个取值，即True和False，可以理解为对或错。例如：

```
print(100 == 100.0)
```

运行结果为：

```
True
```

> **注意** Python 中 100 == 100.0 的布尔值是 True，这里只是比较两个值是否相等，与值的精度无关。

4. 复数类型

Python中的复数这样来表示：1 + 2j，虚部为2，不可省略。

```
print((1 + 2j).real) # 输出实部 float 类型
print((1 + 2j).imag) # 输出虚部 float 类型
```

运行结果为：

```
1.0
2.0
```

2.2.2　字符串（String）

通俗来说，字符串就是由一串字符组成的内容。在Python中，字符串用成对的单引号或双引号引起来，用三个单引号或双引号可以使字符串内容保持原样输出，可以包含回车等特殊字符。在Python中，字符串是不可变对象。

1. 字符串转义

顾名思义，转义就是转换含义。在Python中用反斜杠（\）来转义字符。转义字符如表2-1所示。

表2-1　转义字符

转义字符	描　　述
\\	反斜杠
\'	单引号
\"	双引号
\b	退格（删除前面一个字符）
\n	换行
\t	制表符（4个空格）

要使转义不生效，有下列两种方法：

（1）在字符串前面加"r"，可以使整个字符串原样输出，即不会被转义，例如：

```
print(r'hello world\t\n\b')
```

运行结果为：

```
hello world\t\n\b
```

（2）再加一个反斜杠，例如：

```
print('hello\\t\\n\\b world')
```

运行结果为：

```
hello\t\n\b world
```

2. 常见字符串操作

1）字符串长度

调用len()函数可以查看字符串长度，例如：

```
print(len('hello world'))
```

运行结果为：

```
11
```

> **注意**　字符串中的空格也占1个长度，中文、字母、数字、符号占1个长度，空字符串长度为0。每个转义字符都当作1个字符，故占1个长度，而不是看上去的2个，例如\t、\n。

2）字符串连接

通过加号连接字符串，例如：

```
print('hello' + ' ' + 'world')
```

运行结果为：

```
hello world
```

3）字符串索引

Python有两种索引方式：

- 从前向后的正向索引：有m个字符长度的字符串，索引值是$0 \sim m-1$。
- 从后向前的反向索引：有m个字符长度的字符串，索引值是$-1 \sim -m$。

```
string = 'python'
print(string[0], string[5])
print(string[-1], string[-6])
```

运行结果为：

```
p n
n p
```

如果下标索引越界了，则会报错，例如：

```
string = 'python'
print(string[7])
```

运行结果为：

```
IndexError: string index out of range
```

4）字符串切片

切片就是取出字符串中的子字符串。切片最标准的写法是用2个冒号分隔3个数字，例如：

```
string[0:-1:2]
```

第1个数字表示切片的起始位置（若省略不写，则表示从第1个字符开始）。第2个数字表示切片的终止位置（切出的子字符串不包含这个字符，若省略不写，则表示以最后一个字符结尾且包含该字符）。第3个数字表示切片的步长（步长为1时，可省略不写第2个冒号及步长），例如string[0:-1]。

再看一个例子:

```
string = 'python'
print(string[0:-1])        # 切出除最后一个字符之外的所有字符
print(string[:-1])         # 切出除最后一个字符之外的所有字符
print(string[0:])          # 切出所有字符
print(string[:])           # 切出所有字符
print(string[::])          # 切出所有字符
print(string[0:-1:2])      # 步长为2，切出除最后一个字符之外的所示字符
print(string[::-1])        # 逆序切出所有字符
```

运行结果为:

```
Pytho
Pytho
Python
Python
Pto
nohtyp
```

注意　切片越界，不会报错:

```
string = 'python'
print('运行结果为: ', string[7:])#注意结果为空
print('运行结果为: ', string[:7])
```

运行结果为:

```
运行结果为:
运行结果为: python
```

2.2.3　列表（List）

列表是Python特有的数据类型，用于存储由多个值构成的序列，其元素可以是字符串、数字、列表、元组等自定义的对象。列表使用[]来定义，用英文逗号分隔开其中的元素，元素是可以重复的。列表可以同时存储多种数据类型，也可以嵌套其他列表。

1. 创建列表

不同数据项之间由逗号分隔，整体放在一个方括号里，这就是列表。例如:

```
ls = [1, 2, 3, 4, 'a', 'b', [8, 5, 7]]
print(ls)
```

运行结果为:

```
[1, 2, 3, 4, 'a', 'b', [8, 5, 7]]
```

那么，如何定义一个空列表呢?

```
ls = []
```

是不是很简单。

2. 列表的基本操作

1）通过索引取出列表的元素

方法：列表名[索引]（索引从0开始计数）。

（1）下面来取出刚创建的列表中的嵌套索引及嵌套索引的元素：

```
ls = [1, 2, 3, 4, 'a', 'b', [8, 5, 7]]
print(ls[6], ls[6][0])
```

运行结果为：

```
[8, 5, 7] 8
```

（2）下面再试试取出不存在的索引会引发怎样的结果：

```
ls = [1, 2, 3, 4, 'a', 'b', [8, 5, 7]]
print(ls[7])
```

运行结果为：

```
IndexError: string index out of range
```

直接抛出错误。

（3）与字符串相同，当我们想取出列表中的最后一个字符时，可以直接取索引为−1的值。例如：

```
ls = [1, 2, 3, 4, 'a', 'b', [8, 5, 7]]
print(ls[-1])
```

运行结果为：

```
[8, 5, 7]
```

2）使用加号连接列表

直接使用加号将两个列表相加，会产生一个新列表，其中包含原来两个列表中的元素。例如：

```
ls1 = [1, 2, 3]
ls2 = ['a', 'b', 'c']
print(ls1 + ls2)
```

运行结果为：

```
[1, 2, 3, 'a', 'b', 'c']
```

3）列表元素复制

方法：列表 * 复制次数。

将生成一个新列表，新列表中的元素是原列表中的元素的复制次数倍。例如：

```
ls = [1, 2, 3]
print(ls*3)
```

运行结果为：

```
[1, 2, 3, 1, 2, 3, 1, 2, 3]
```

4）求列表长度

求列表长度将用到len()函数。例如：

```
ls = [1, 2, 3, [8, 5, 7]]
print(len(ls))
```

运行结果为：

```
4
```

5）遍历列表元素

通过循环的方式遍历列表元素。例如：

```
ls = [1, 2, 3, [8, 5, 7]]
for i in ls:
    print(i)
```

运行结果为：

```
1
2
3
[8, 5, 7]
```

6）检查列表中是否存在某个元素

使用in关键字检查列表中是否存在某个元素，返回值为布尔值。例如：

```
ls = [1, 2, 3, [8, 5, 7]]
print(8 in ls)
print([8, 5, 7] in ls)
```

运行结果为：

```
False
True
```

7）删除列表

可以使用del关键字手动删除列表（亦可等系统自动回收）。例如：

```
ls = [1, 2, 3, [8, 5, 7]]
del ls
print(ls)
```

运行结果为：

```
IndexError: string index out of range
```

删除之后，列表就无法使用了。

8）删除列表中索引为i的元素

也是使用del关键字来删除指定下标的元素。例如：

```
ls = [1, 2, 3, [8, 5, 7]]
print(ls[0])
del ls[0]
print(ls[0])
print(ls)
```

运行结果为：

```
1
2
[2, 3, [8, 5, 7]]
```

删除过后，会将后续元素下标往前挪一位。

9）返回列表中最大值与最小值

使用max()和min()函数返回列表中的最大值和最小值。例如：

```
ls = [1, 2, 3]
print(max(ls))
print(min(ls))
```

运行结果为：

```
3
1
```

只适用于列表中的元素只有int、bool、float类型，或只有字符串且都没有嵌套列表的情形；否则，会直接报错。例如：

```
ls = [1, 2, 3, [8, 5, 7]]
print(max(ls))
print(min(ls))
```

运行结果为：

```
IndexError: string index out of range
```

3. 列表切片

列表切片指的是将列表的一部分切出来，这有点像字符串切片。列表切片的形式：

```
list[起始索引:终止索引（不包含）:步长]
```

（1）使用时，如果省略起始索引，则默认为0；如果省略终止索引，则默认为列表中的最后一个元素且包含该元素；如果省略步长，则默认为1。例如：

```
ls = [1, 2, 3, 4, 'a', 'b', [8, 5, 7]]
print(ls[:])
print(ls[::])
print(ls[1:5:2])
```

运行结果为：

```
[1, 2, 3, 4, 'a', 'b', [8, 5, 7]]
[1, 2, 3, 4, 'a', 'b', [8, 5, 7]]
[2, 4]
```

（2）逆序切片也与字符串相似，例如：

```
ls = [1, 2, 3, 4, 'a', 'b', [8, 5, 7]]
print(ls[:-1])
print(ls[::])
print(ls[-5:-1:2])
```

运行结果为：

```
[1, 2, 3, 4, 'a', 'b']
[1, 2, 3, 4, 'a', 'b', [8, 5, 7]]
[3, 'a']
```

（3）再试一下其他操作，正向切片起始索引大于终止索引，逆向切片起始索引小于终止索引：

```
ls = [1, 2, 3, 4, 'a', 'b', [8, 5, 7]]
print(ls[-1:-5:2])
print(ls[5:1])
```

运行结果为：

```
[]
[]
```

不会报错，只是没有切出内容。

4. 修改列表元素

列表是一种可变的数据类型，所以可以修改其元素。例如：

```
ls = [1, 2, 3, 4, 'a', 'b', [8, 5, 7]]
print(ls)
ls[1] = 'Python'
print(ls)
```

运行结果为：

```
[1, 2, 3, 4, 'a', 'b', [8, 5, 7]]
[1, 'Python', 3, 4, 'a', 'b', [8, 5, 7]]
```

除了通过索引修改元素外，还能通过切片的方式进行修改。例如：

```
ls = [1, 2, 3, 4, 'a', 'b', [8, 5, 7]]
print(ls)
ls[1:3] = 'a'
print(ls)
```

运行结果为：

```
[1, 2, 3, 4, 'a', 'b', [8, 5, 7]]
[1, 'a', 4, 'a', 'b', [8, 5, 7]]
```

新插入的元素数量小于切片的元素数量，列表长度会变短。但是，如果插入的是字符串或是列表，那会是什么结果呢？

```
ls = [1, 2, 3, 4, 'a', 'b', [8, 5, 7]]
ls[-3:-1] = ['n', 'e', 'w']
print(ls)
```

运行结果为：

```
[1, 2, 3, 4, 'n', 'e', 'w', [8, 5, 7]]
```

没想到吧，对于列表，并不是单纯地修改元素并使列表长度变短，而是把元素插入进去。

5. 列表的操作方法

一些列表的操作方法如表2-2所示。

表2-2　列表的操作方法

方　　法	描　　述
list.append(obj)	在列表末尾添加新对象
list.count(obj)	返回某个元素在列表中出现的次数
list.extend(seq)	在列表末尾添加另一个列表的所有元素
list.index(obj)	返回第一个匹配元素的索引值
list.insert(index, obj)	在指定索引之前插入对象
list.pop(index)	移除指定索引的值，并返回该值
list.remove(obj)	移除第一个匹配的某对象
list.sort()	对原列表进行排序
list.reverse()	反转列表元素

接下来依次进行演示。

（1）list.append(obj)，在列表末尾添加新对象：

```
ls = [1, 2, 3, 4, 'a', 'b', [8, 5, 7]]
ls.append(['a', 'p', 'p'])
print(ls)
```

运行结果为：

```
[1, 2, 3, 4, 'a', 'b', [8, 5, 7], ['a', 'p', 'p']]
```

（2）list.count(obj)，返回某个元素在列表中出现的次数：

```
ls = [1, 2, 3, 4, 1, 'a', 'b', [1, 2, 3]]
print(ls.count(1))
```

运行结果为：

```
2
```

（3）list.extend(seq)，在列表末尾添加另一个序列的所有元素：

```
ls = [1, 2, 3, 4, 1, 'a', 'b', [1, 2, 3]]
ls2 = ['a', 'p', 'p']
ls.extend(ls2)
print(ls)
```

运行结果为：

```
[1, 2, 3, 4, 1, 'a', 'b', [1, 2, 3], 'a', 'p', 'p']
```

（4）list.index(obj)，返回第一个匹配元素的索引值：

```
ls = [1, 2, 3, 4, 1, 'a', 'b', [1, 2, 3]]
print(ls.index(1))
```

运行结果为：

```
0
```

若不存在，则会报错：

```
ls = [2, 3, 4, 'a', 'b', [1, 2, 3]]
print(ls.index(1))
```

运行结果为：

```
ValueError: 1 is not in list
```

（5）list.insert(index, obj)，在指定索引之前插入对象：

```
ls = [1, 2, 3, 4, 1, 'a', 'b', [1, 2, 3]]
ls.insert(0, ['a', 'p', 'p'])
print(ls)
```

运行结果为：

```
[['a', 'p', 'p'], 1, 2, 3, 4, 1, 'a', 'b', [1, 2, 3]]
```

如果指定的索引不存在呢？

```
ls = [1, 2, 3, 4, 1, 'a', 'b', [1, 2, 3]]
ls.insert(20, ['a', 'p', 'p'])
print(ls)
```

运行结果为：

```
[1, 2, 3, 4, 1, 'a', 'b', [1, 2, 3], ['a', 'p', 'p']]
```

超过最大索引，则会插入在最后一个位置的后面。

（6）list.pop(index)，移除指定索引的值，并返回该值：

```
ls = [1, 2, 3, 4, 1, 'a', 'b', [1, 2, 3]]
value = ls.pop(-1)
print(ls)
print(value)
```

运行结果为：

```
[1, 2, 3, 4, 1, 'a', 'b']
[1, 2, 3]
```

（7）list.remove(obj)，移除第一个匹配的某对象：

```
ls = [1, 2, 3, 4, 1, 'a', 'b', [1, 2, 3]]
```

```
ls.remove(1)
print(ls)
```

运行结果为：

```
[2, 3, 4, 1, 'a', 'b', [1, 2, 3]]
```

（8）list.sort()，对原列表进行排序：

```
ls = [8, 5, 7, -1, 9, 0, -1]
ls.sort()
print(ls)
```

运行结果为：

```
[-1, -1, 0, 5, 7, 8, 9]
```

默认升序排列，如果要降序，该怎么实现呢？

```
ls = [8, 5, 7, -1, 9, 0, -1]
ls.sort(reverse=True)
print(ls)
```

运行结果为：

```
[9, 8, 7, 5, 0, -1, -1]
```

另外，只能对纯字符或纯数字排序，否则就会报错：

```
ls = [8, 5, 7, -1, 9, 0, -1, 'a', 'b', 'c']
ls.sort()
print(ls)
```

运行结果为：

```
TypeError：'<'not supported between instances of 'str'and 'int'
```

（9）list.reverse()，反转列表元素：

```
ls = [1, 2, 3, 4, 'a', 'b', [8, 5, 7]]
ls.reverse()
print(ls)
```

运行结果为：

```
[[8, 5, 7], 'b', 'a', 4, 3, 2, 1]
```

6. 删除列表中的元素

de关键字可以删除整个列表或者列表中的元素。

（1）删除指定索引元素：

```
ls = [1, 2, 3, 4, 'a', 'b', [8, 5, 7]]
del ls[0]
print(ls)
```

运行结果为：

```
[2, 3, 4, 'a', 'b', [8, 5, 7]]
```

（2）切片删除：

```
ls = [1, 2, 3, 4, 'a', 'b', [8, 5, 7]]
del ls[:3]
print(ls)
```

运行结果为：

```
[4, 'a', 'b', [8, 5, 7]]
```

（3）删除整个列表：

```
ls = [1, 2, 3, 4, 'a', 'b', [8, 5, 7]]
del ls
print(ls)
```

直接报错：

```
NameError: name 'ls'is not defined
```

7. 列表生成式

在 Python 中，列表生成式体现了 Python 优雅的特色。

例如，创建一个元素是 1~10 的平方的列表：

```
ls = [i*i for i in range(11)]
print(ls)
```

运行结果为：

```
[0, 1, 4, 9, 16, 25, 36, 49, 64, 81, 100]
```

一行代码就可以优雅地搞定。

对于双重或多重循环使用列表生成式，该如何生成列表呢？

将九九乘法口诀表放入列表：

```
ls = [f'{i} x {j} = {i*j}' for i in range(1, 10) for j in range(1, 10) if i <= j]
print(ls)
```

运行结果为：

```
['1 × 1 = 1', '1 × 2 = 2', '1 × 3 = 3', '1 × 4 = 4', '1 × 5 = 5', '1 × 6 = 6',
'1 × 7 = 7', '1 × 8 = 8', '1 × 9 = 9', '2 × 2 = 4', '2 × 3 = 6', '2 × 4 = 8',
'2 × 5 = 10', '2 × 6 = 12', '2 × 7 = 14', '2 × 8 = 16', '2 × 9 = 18', '3 × 3 = 9',
'3 × 4 = 12', '3 × 5 = 15', '3 × 6 = 18', '3 × 7 = 21', '3 × 8 = 24', '3 × 9 = 27',
'4 × 4 = 16', '4 × 5 = 20', '4 × 6 = 24', '4 × 7 = 28', '4 × 8 = 32', '4 × 9 = 36',
'5 × 5 = 25', '5 × 6 = 30', '5 × 7 = 35', '5 × 8 = 40', '5 × 9 = 45', '6 × 6 = 36',
'6 × 7 = 42', '6 × 8 = 48', '6 × 9 = 54', '7 × 7 = 49', '7 × 8 = 56', '7 × 9 = 63',
'8 × 8 = 64', '8 × 9 = 72', '9 × 9 = 81']
```

2.2.4　元组（Tuple）

元组是Python中的另一种独特的数据类型，它和列表相似，同样可以存储不同的数据类型，但是，它是不可变对象，即创建后就不可以对任何元素进行修改操作。

1. 创建元组

用逗号对元素进行分隔就是元组，但是为了美观以及代码的可读性，一般还会加上小括号。例如：

```
a = 1, 2, 3
b = (1, 2, 3)
print(type(a))
print(type(b))
print(a == b)
```

运行结果为：

```
<class 'tuple'>
<class 'tuple'>
True
```

下面看看修改不可变对象元素会报什么错：

```
tp = (1, 2, 3, 4, 'a', 'b', [8, 5, 7])
tp[0] = 100
print(tp)
```

运行结果为：

```
TypeError: 'tuple' object does not support item assignment
```

如果元组里的元素有可变对象，则这个可变的元素是可以被修改的。例如，元组嵌套列表：

```
tp = (1, 2, 3, 4, 'a', 'b', [8, 5, 7])
print(tp)
tp[6][0] = 100
print(tp)
```

运行结果为：

```
(1, 2, 3, 4, 'a', 'b', [8, 5, 7])
(1, 2, 3, 4, 'a', 'b', [100, 5, 7])
```

创建元组时存在以下两种特殊情况：

（1）创建只有一个元素的元组时，需要加逗号（注意，加小括号只是习惯写法，是为了让代码更加美观、易理解）。例如：

```
tp = (1, )
print(type(tp))
```

运行结果为：

```
<class 'tuple'>
```

（2）创建空元组。例如：

```
tp = tuple()
tp2 = ()
print(type(tp))
print(type(tp2))
print(tp)
print(tp2)
print(tp == tp2)
```

运行结果为：

```
<class 'tuple'>
<class 'tuple'>
()
()
True
```

2．元组的基本操作

和列表类似，元组也有很多基本操作，包括索引、切片、连接、复制、对内部元素循环、查找元组中是否存在某元素、删除元组、返回元组中最大值及最小值等。

（1）索引：

```
tp = (1, 2, 3, 4, 'a', 'b', [8, 5, 7])
print(tp[0])
print(tp[-1])
```

运行结果为：

```
1
[8, 5, 7]
```

（2）切片：

```
tp = (1, 2, 3, 4, 'a', 'b', [8, 5, 7])
print(tp[4:6])
print(tp[::-1])
```

运行结果为：

```
('a', 'b')
([8, 5, 7], 'b', 'a', 4, 3, 2, 1)
```

（3）连接：

```
tp = (1, 2, 3, 4, 'a', 'b', [8, 5, 7])
tp2 = (['a', 'p', 'p'], )
print(tp + tp2)
```

运行结果为：

```
(1, 2, 3, 4, 'a', 'b', [8, 5, 7], ['a', 'p', 'p'])
```

（4）复制：

```
tp2 = (['a', 'p', 'p'], )
```

```
print(tp2 * 2)
```

运行结果为:

```
(['a', 'p', 'p'], ['a', 'p', 'p'])
```

（5）对内部元素循环:

```
tp = (1, 2, 3, 4, 'a', 'b', [8, 5, 7])
for i in tp:
    print(i)
```

运行结果为:

```
1
2
3
4
a
b
[8, 5, 7]
```

（6）查找元组中是否存在某元素:

```
tp = (1, 2, 3, 4, 'a', 'b', [8, 5, 7])
tp2 = (['a', 'p', 'p'], )
print('a' in tp)
print('a' in tp2)
```

运行结果为:

```
True
False
```

（7）删除元组:

```
tp = (1, 2, 3, 4, 'a', 'b', [8, 5, 7])
del tp
print(tp)
```

删除后，报错tp变量未定义:

```
NameError: name 'tp' is not defined
```

如果删除元素又会怎样呢?

```
tp = (1, 2, 3, 4, 'a', 'b', [8, 5, 7])
del tp[0]
print(tp)
```

由于元组是不可变对象，不能删除元素，因此直接报错:

```
TypeError: 'tuple' object doesn't support item deletion
```

（8）返回元组中最大值及最小值:

```
tp = (1, 2, 3, 4, -1)
print(max(tp))
print(min(tp))
```

运行结果为:

```
4
-1
```

同样,只能适用于元组中的元素只有int、bool、float类型或只有字符串且都没有嵌套列表的情形,否则就会报错。例如:

```
tp = ('a', 'b', 'c', ['d', 'e'])
print(max(tp))
print(min(tp))
```

运行结果为:

```
TypeError: '>' not supported between instances of 'list' and 'str'
```

（9）再试试修改元组元素:

```
tp = (1, 2, 3, 4, 'a', 'b', [8, 5, 7])
tp[0] = 4
```

运行结果为:

```
TypeError: 'tuple' object does not support item assignment
```

由于元组是不可变对象,所有元素不可修改,并且列表中的下列方法均不可对元组使用:pop()、append()、extend()、remove()、index()。

3. 元组和列表相互转换

元组转换成列表,只需要使用list()函数即可。同样地,列表转换成元组,也只需要使用tuple()函数。

```
tp = (1, 2, 3, 4, 'a', 'b', [8, 5, 7])
ls = list(tp)
print(ls)
tp2 = tuple(ls)
print(tp2)
```

运行结果为:

```
[1, 2, 3, 4, 'a', 'b', [8, 5, 7]]
(1, 2, 3, 4, 'a', 'b', [8, 5, 7])
```

再演示一个元组和列表生成式的配合使用:

```
ls = [(a, b) for a in 'ABC' for b in 'abc']
print(ls)
```

运行结果为:

```
[('A', 'a'), ('A', 'b'), ('A', 'c'), ('B', 'a'), ('B', 'b'), ('B', 'c'), ('C', 'a'),
('C', 'b'), ('C', 'c')]
```

如果想要配对的大小写,该怎么操作?

```
ls = [(a, b) for a in 'ABC' for b in 'abc' if a.lower() == b]
print(ls)
```

运行结果为：

```
[('A', 'a'), ('B', 'b'), ('C', 'c')]
```

其中，lower()函数用于将字符串转换为小写字符，同样转换大写字符的函数是upper()。

4．元组解包

我们在创建元组的时候，其实是在对元素进行打包，即把元素放进元组里。元组解包就是把元组中的元素依次赋值给单个变量。例如：

```
tp = 1, 2, 3, 4          # 打包
print(tp)
a, b, c, d = tp          # 解包
print(a, b, c, d)
```

运行结果为：

```
(1, 2, 3, 4)
1 2 3 4
```

如果等号左边的元素个数多写了会怎样呢？

```
tp = 1, 2, 3, 4          # 打包
a, b, c, d, e = tp       # 解包
print(a, b, c, d)
```

运行结果为：

```
ValueError: not enough values to unpack (expected 5, got 4)
```

有多就有少，那少了呢？

```
tp = 1, 2, 3, 4          # 打包
a, b, c = tp             # 解包
print(a, b, c)
```

运行结果为：

```
ValueError: too many values to unpack (expected 3)
```

多与少都会报错，所以元组解包时，数量必须一一对应。

5．列表和元组

列表和元组十分相似，并且元组的方法比列表少，那么元组与列表相比的优势又是什么呢？

- 元组的运算速度比列表快：如果我们要经常遍历一个序列，且不需要修改其内容，用元组比列表好。
- 元组相当于给数据加了保护（不可修改）：有些场合需要这种特性。

2.2.5 集合（Set）

集合是一种不重复的无序集，用大括号（{}）来定义。集合中的元素是无序的、不可重复的，必须是不可变类型。

（1）集合中的元素是无序的：

```
st = {1, 2, 3}
st2 = {3, 2, 1}
print(st == st2)
```

运行结果为：

```
True
```

（2）集合中的元素是不可重复的：

```
st = {1, 1}
print(st)
```

创建集合时，有重复的元素不会报错，只会保留1个。上面代码的运行结果为：

```
{1}
```

（3）集合的元素必须是不可变类型：

```
st = {1, [1, 2, 3]}
print(st)
```

运行结果为：

```
TypeError: unhashable type: 'list'
```

集合中的元素必须是不可变类型，和字典中的键一样。集合可以理解为只有键的字典。

1. 集合的创建

（1）直接使用大括号创建。

集合的元素可以是数字、字符串、元组。例如：

```
st = {1, 2, 3, 'python', ('a', 1)}
print(st)
print(type(st))
```

运行结果为：

```
{1, 2, 3, ('a', 1), 'python'}
<class 'set'>
```

创建空集合，使用set()函数，而不是{}（空字典）：

```
st = set()
dt = {}
print(type(st))
print(type(dt))
```

运行结果为：

```
<class 'set'>
<class 'dict'>
```

（2）使用列表或元组创建。

可以使用set()函数，将不包含可变对象元素的列表或元组转换成集合。例如：

```
ls = [1, 2, 3, 4]
st = set(ls)
print(st)
print(type(st))
```

运行结果为：

```
{1, 2, 3, 4}
<class 'set'>
```

那包含可变对象会是什么结果呢？

```
ls = [1, 2, 3, 4, [1, 2, 3]]
st = set(ls)
print(st)
print(type(st))
```

运行结果为：

```
TypeError: unhashable type: 'list'
```

（3）使用字符串创建：

```
st = set('Python')
print(st)
print(type(st))
```

运行结果为：

```
{'o', 'n', 'y', 'P', 'h', 't'}
<class 'set'>
```

使用字符串创建的集合，其中的元素是所有不重复的字符。从结果中可以很直观地看出，集合的元素是无序的。

2. 集合的常用方法

（1）set.add(x)，用于向集合添加元素。例如：

```
st = {1, 2, 3, 4}
print(st)
st.add(0)
print(st)
```

运行结果为：

```
{1, 2, 3, 4}
{0, 1, 2, 3, 4}
```

同样地，set.add()函数的参数不能是可变对象。例如：

```
st = {1, 2, 3, 4}
print(st)
```

```
st.add([0, 5, 6])
print(st)
```

运行结果为：

```
TypeError: unhashable type: 'list'
```

（2）set.update(iterable)，用于将一个可迭代对象的元素添加到集合。例如：

```
st = {1, 2, 3, 4}
iterable = ['a', 'b', 'c']
st.update(iterable)
print(st)
```

运行结果为：

```
{1, 2, 3, 4, 'b', 'c', 'a'}
```

（3）set.pop()，用于将集合的第一个元素删除，并返回被删除元素的值。例如：

```
st = {1, 2, 3, 4}
iterable = ['a', 'b', 'c']
st.update(iterable)
print(st)
p = st.pop()
print(st, p)
```

运行结果为：

```
{1, 2, 3, 4, 'c', 'a', 'b'}
{2, 3, 4, 'c', 'a', 'b'} 1
```

（4）set.remove(x)，用于删除集合中的指定元素。例如：

```
st = {1, 2, 3, 4}
st.remove(1)
print(st)
```

运行结果为：

```
{2, 3, 4}
```

若被删除的元素不存在，则会报错：

```
st = {1, 2, 3, 4}
st.remove(0)
print(st)
```

运行结果为：

```
KeyError: 0
```

（5）set.discard(x)，与set.remove()函数的作用一样，用于删除集合中的指定元素。例如：

```
st = {1, 2, 3, 4}
st.discard(1)
print(st)
```

运行结果为：

```
{2, 3, 4}
```

set.discard()与set.remove()函数的不同点在于，若被删除的元素不存在，则不会报错：

```
st = {1, 2, 3, 4}
st.discard(0)
print(st)
```

运行结果为：

```
{1, 2, 3, 4}
```

（6）set.clear()，用于清空集合。例如：

```
st = {1, 2, 3, 4}
st.clear()
print(st)
```

运行结果为：

```
set()
```

打印出了一个空集合。

3．集合的数学运算

Python集合常用的数学运算有交集、并集、差集、补集，如图2-22所示。

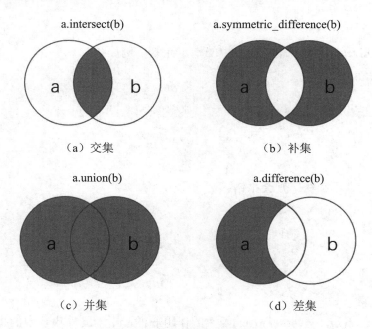

（a）交集　　　　　　　　　　（b）补集

（c）并集　　　　　　　　　　（d）差集

图 2-22　集合常用的数学运算

（1）set1.intersection(set2)，两个集合的交集。例如：

```
st1 = {1, 2, 3, 4}
```

```
st2 = {0, 2, 4, 6}
print(st1.intersection(st2))
```

运行结果为：

```
{2, 4}
```

（2）set1.union(set2)，两个集合的并集。例如：

```
st1 = {1, 2, 3, 4}
st2 = {0, 2, 4, 6}
print(st1.union(st2))
```

运行结果为：

```
{0, 1, 2, 3, 4, 6}
```

（3）set1 - set2，两个集合的差集。例如：

```
st1 = {1, 2, 3, 4}
st2 = {0, 2, 4, 6}
print(st1 - st2)
```

运行结果为：

```
{1, 3}
```

（4）set1 ^set2，两个集合的补集。补集也叫作两个集合的对称差集。返回一个新的集合，包括集合st1和st2中的非共同元素。例如：

```
st1 = {1, 2, 3, 4}
st2 = {0, 2, 4, 6}
print(st1^st2)
```

运行结果为：

```
{1,0,3,6}
```

（5）集合的其他数学运算：
① 使用in关键字判断元素是否在集合中：

```
st = {1, 2, 3}
print(1 in st)
print(0 in st)
```

运行结果为：

```
True
False
```

② 使用set2.issubset(set1)判断集合set2是不是集合set1的子集。例如：

```
st1 = {1, 2, 3}
st2 = {2, 3}
print(st2.issubset(st1))
```

运行结果为：

```
True
```

2.2.6 字典（Dict）

1．创建字典

字典，即键值对，一个键对应着一个值。其形式为：

```
{键1:值1，键2:值2}
```

每个键值对用冒号隔开，每对键值对用逗号隔开。例如：

```
dict1 = {'name': 'zhangsan', 'age': 18}
print(dict1)
```

运行结果为：

```
{'name': 'zhangsan', 'age': 18}
```

> **注意** 键必须是唯一的，且必须是不可变的，可以是字符串、数字、元组。值可以是任意数据类型。

我们试一下这3个键：

```
dt = {'name': 'zhangsan', 1: 123, (1, ): [1, 2, 3]}
print(dt)
```

运行结果为：

```
{'name': 'zhangsan', 1: 123, (1,): [1, 2, 3]}
```

那存在相同的键会怎样呢？

```
dt = {'name': 'zhangsan', 'name': 'lisi'}
print(dt)
```

运行结果为：

```
{'name': 'lisi'}
```

它并没有报错，只是后面的值覆盖了前面的值。
那如果键是可变对象呢？

```
dt = {[1, 2, 3]: 'zhangsan'}
print(dt)
```

这就必然会报错了：

```
TypeError: unhashable type: 'list'
```

那如何创建空字典呢？
同样地，空字典的创建与列表和元组相似，有两种方法：第一种，直接通过空的大括号创建；第二种，借助dic()函数来创建：

```
dt1 = {}
dt2 = dict()
```

```
print(dt1)
print(dt2)
print(dt1 == dt2)
```

运行结果为：

```
{}
{}
True
```

dict()函数同样可以创建非空字典（列表或元组，嵌套列表或元组）：

```
dt = dict([['name', 'zhangsan'], ['age', 18]])
print(dt)
```

运行结果为：

```
{'name': 'zhangsan', 'age': 18}
```

使用dict()函数还可以这样来创建字典：

```
dt = dict(name='zhangsan', age=18)
print(dt)
```

运行结果为：

```
{'name': 'zhangsan', 'age': 18}
```

这种情况下，键只能为字符串，并且创建的时候作为键的字符串不用加引号。

2. 访问字典中的值

和列表、元组索引类似，字典可以通过键来访问对应值。例如：

```
dt = dict(name='zhangsan', age=18)
print(dt['name'])
```

运行结果为：

```
zhangsan
```

如果被访问的键不存在会怎样呢？

```
dt = dict(name='zhangsan', age=18)
print(dt['gender'])
```

会直接报错：

```
KeyError: 'gender'
```

同样地，可以通过in关键字来判断字典中是否存在某个键：

```
dt = dict(name='zhangsan', age=18)
print('name' in dt)
print('gender' in dt)
```

运行结果为：

```
True
False
```

3．更新字典

可以添加、删除、修改字典中的键值对。例如：

```
dt = dict(name='zhangsan', age=18)
dt['gender'] = '男'            # 增加键值对
print(dt)
del dt['age']                 # 删除键值对
print(dt)
dt['name'] = 'zhang3'         # 修改键值对
print(dt)
```

运行结果为：

```
{'name': 'zhangsan', 'age': 18, 'gender': '男'}
{'name': 'zhangsan', 'gender': '男'}
{'name': 'zhang3', 'gender': '男'}
```

4．字典的操作

Python对于字典这个数据类型，提供了很多操作函数。

（1）dict.keys()，返回包含所有键的列表的**dict_keys**对象，该对象可以直接转换成列表、元组、集合。例如：

```
dt = dict(name='zhangsan', age=18, gender='男')
print(dt.keys())
print(list(dt.keys()))
```

运行结果为：

```
dict_keys(['name', 'age', 'gender'])
['name', 'age', 'gender']
```

（2）dict.values()，返回包含所有值的列表的**dict_values**对象，该对象可以直接转换成列表、元组、集合。例如：

```
dt = dict(name='zhangsan', age=18, gender='男', a=18)
temp = dt.values()
print(temp)
print(list(temp))
```

运行结果为：

```
dict_values(['zhangsan', 18, '男', 18])
['zhangsan', 18, '男', 18]
```

（3）dict.items()，返回包含所有键值对元组的列表的**dict_values**对象，该对象可以直接转换成列表、元组、集合、字典。例如：

```
dt = dict(name='zhangsan', age=18, gender='男', a=18)
temp = dt.items()
```

```
print(temp)
print(list(temp))
```

运行结果为:

```
dict_items([('name', 'zhangsan'), ('age', 18), ('gender', '男'), ('a', 18)])
[('name', 'zhangsan'), ('age', 18), ('gender', '男'), ('a', 18)]
```

（4）dict.clear()，清空字典，即删除字典中的所有元素，无返回值。例如：

```
dt = dict(name='zhangsan', age=18, gender='男', a=18)
dt.clear()
print(dt)
```

元素清空后，运行时不会报错，会打印一个空字典：

```
{}
```

（5）dict.get(key, default=None)，返回字典中的指定key的value值，若key不存在，则返回default值（default的默认值为None）。例如：

```
dt = dict(name='zhangsan', age=18, gender='男', a=18)
print(dt.get('name'))
print(dt.get('size', '默认值'))
```

运行结果为:

```
zhangsan
默认值
```

（6）dict.pop(key[, default])，删除字典中的指定的key并返回其value值，若key不存在，则返回default值。例如：

```
dt = dict(name='zhangsan', age=18, gender='男', a=18)
print(dt.pop('name'))
print(dt.pop('size', '默认值'))
print(dt)
```

运行结果为:

```
zhangsan
默认值
{'age': 18, 'gender': '男', 'a': 18}
```

若未指定default值，则报错：

```
dt = dict(name='zhangsan', age=18, gender='男', a=18)
print(dt.pop('name'))
print(dt.pop('size'))
print(dt)
```

运行结果为:

```
KeyError: 'size'
```

（7）dict.update(dict_obj)，将字典dict_obj的所有键值对添加到dict中，相同的key会更新其value值。例如：

```
dt = dict(name='zhangsan', age=18, gender='男', a=18)
dt2 = dict(name='lisi', b=18)
dt.update(dt2)
print(dt)
```

运行结果为：

```
{'name': 'lisi', 'age': 18, 'gender': '男', 'a': 18, 'b': 18}
```

5. 字典的遍历

（1）通过key值遍历：

```
dt = dict(name='zhangsan', age=18, gender='男', a=18)
for key in dt.keys():
    print(key, dt[key])
```

运行结果为：

```
name zhangsan
age 18
gender 男
a 18
```

（2）通过对dict.items()解包，直接遍历：

```
dt = dict(name='zhangsan', age=18, gender='男', a=18)
for key, value in dt.items():
    print(key, value)
```

运行结果为：

```
name zhangsan
age 18
gender 男
a 18
```

6. 字典的复制

当我们需要复制一份相同的字典时，应该怎么操作呢？

```
dt = dict(name='zhangsan', age=18, gender='男', a=18)
dt2 = dt
dt2['name'] = 'lisi'
print(dt)
print(dt2)
print(id(dt))
print(id(dt2))
```

运行结果为：

```
{'name': 'lisi', 'age': 18, 'gender': '男', 'a': 18}
{'name': 'lisi', 'age': 18, 'gender': '男', 'a': 18}
2350035518088
2350035518088
```

用赋值号来实现复制、修改新的列表，会影响旧的列表，并且它们的id都是一样的，说明它们其实是同一个，这称为浅复制，只是复制了一个引用。

相应地，可以引入 copy 模块来实现深复制。例如：

```
import copy
dt = dict(name='zhangsan', age=18, gender='男')
dt2 = copy.deepcopy(dt)
dt2['name'] = 'lisi'
print(dt)
print(dt2)
print(id(dt))
print(id(dt2))
```

运行结果为：

```
{'name': 'zhangsan', 'age': 18, 'gender': '男'}
{'name': 'lisi', 'age': 18, 'gender': '男'}
2154830119632
2154787330808
```

2.3　Python 文件的基本操作

到目前为止，我们已经很好地了解了如何处理数据，然后打印出处理结果。但是，我们不应仅满足于使用input接收用户输入，使用print输出处理结果。想要关注到系统的方方面面，就需要编写代码自动分析系统的日志，分析的结果可以保存为一个新的日志，甚至需要跟外面的世界进行信息交换。

相信读者曾经有过这样的经历：在编写代码的时候，电脑突然宕机或者系统突然蓝屏崩溃了，重启之后发现刚才写入的代码都不见了。这是因为，在编写代码的时候，操作系统为了更快地做出响应，就把所有当前的数据存放在内存中——内存和CPU之间的数据传输速度要比硬盘和CPU之间的传输速度快很多倍。但内存有一个天生的不足，就是一旦断电就会丢失数据，所以读者要养成良好习惯，随时使用Ctrl+S组合键保存数据。

Python是一种非常流行的编程语言，它被广泛应用于各种领域，包括科学计算、数据分析、机器学习、Web开发等。在Python中，文件操作是一个非常基础且必要的技能，因为我们经常需要读写文件来进行数据处理和分析。Windows以扩展名来指出文件类型，例如.exe是可执行文件，.txt是文本文件，.ppt是PowerPoint的专用文件等，所有这些都称为文件。如何保存产生的中间数据和最终结果，成了编程过程中必须学习的内容。

2.3.1　文件读写基本操作

Python的文件读写操作会使用内置函数、NumPy库和Pandas库3种方式。

- Python的内置函数包括open()、read()、readline()、readlines()、write()、writelines()、close()等，这也是本小节要详细介绍的内容。

- NumPy库是Python进行数值计算、矩阵运算、数据处理、数据分析的常用库，数组方法包括arange、linspace、zeros等，矩阵操作包括dot、transpose、linalg等方法，统计分析可以用histogram、bincount、cov、corrcoef等方法。2.3.2节将详细介绍NumPy库存取文件的操作。
- Pandas库中包括read_csv()、to_csv()、read_excel()、to_excel()、read_json()、to_json()等方法，2.3.3节将详细介绍Pandas库存取文件的操作。

在使用这些文件操作内置函数的时候，代码编写的基本思路是：打开文件，开始读或者写的操作，关闭文件。

1. 绝对路径和相对路径

在打开文件之前，需要准确定位文件的位置，这里就涉及文件的绝对路径和相对路径。

绝对路径就是一个文件的绝对位置（相当于包含了所有的目录信息），所有层级关系是一目了然的。例如：E:\python_program\quick_sort\quick_sort（这是笔者计算机上快速排序算法文件夹的绝对路径），这是在E盘python_program文件夹中的quick_sort文件夹中的quick_sort文件夹中的一个文件夹，这就是绝对路径反馈给我们的所有信息。

有些时候，文件夹太多了，我们就把需要操作的文件放在代码所在的同一个目录下，这样通过解释器就可以直接在同级目录下找到这个文件。这种从当前文件所在的文件夹开始的路径就是相对路径。例如，在上面的路径中新建一个文件"123.txt"，如图2-23所示。

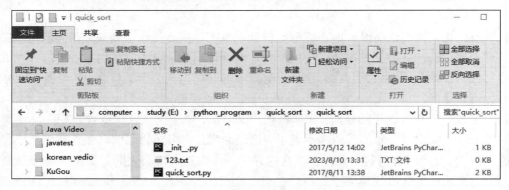

图2-23　绝对路径文件

它的绝对路径是E:\python_program\quick_sort\quick_sort\123.txt。它在python_program工程文件目录下，因此可以直接这样写相对路径：./123.txt（"./"表示的是当前文件夹，可以省略）。

对于路径"../123.txt"，是指从当前文件夹的上一级文件夹里查找"123.txt"文件，其中"../"表示的是上一级文件夹。

> **注意**　文件路径应使用字符串，并且为了避免转义字符，应在路径字符串前面加上"r"表示原始字符串。

2. open()函数

内置函数open()用于打开一个文件，并返回file对象，我们操作的就是这个对象。open()函数完整的语法形式如下：

```
open(file, mode='r', buffering=-1, encoding=None, errors=None, newline=None,
closefd=True, opener=None)
```

open()函数有很多参数，但对于初学者来说，只需要关注第一个和第二个参数即可。使用open()函数后一定要关闭file文件对象，即调用file.close()方法。

open(path, mode='r')函数，path为文件相对路径或绝对路径，mode为文件打开模式，默认为只读模式"r"。读写文件的几种常见模式如表2-3所示。

表2-3　读写文件的几种常见模式

模　　式	可做操作	若文件不存在	是否覆盖
r	只能读	报错	-
r+	可读可写	报错	是
w	只能写	创建	是
w+	可读可写	创建	是
a	只能写	创建	否，追加写
a+	可读可写	创建	否，追加写

3. with关键字

在打开文件时，很多人通常直接用open('file')，这并不是最好的选择。最好使用with关键字。其优点是当数据读取结束后文件会正确关闭，即使在某个时刻引发了异常。

```
with open('workfile') as f:
    read_data = f.read()
f.closed
True
```

4. close()函数

打开文件并处理完毕后，需要关闭文件，这里用到close()函数。f.close() 用来关闭文件并立即释放它使用的所有系统资源。如果没有显式地关闭文件，Python的垃圾回收器最终将销毁该对象，因此，要养成使用close()的习惯。并关闭打开的文件，但这个文件可能会保持打开状态一段时间。

```
f = open(file) # 打开文件
f.close() # 关闭文件
```

5. 使用read()、readline()、readlines()函数读取数据

1）read()函数

当使用open()函数打开文件后，就可以使用该文件对象提供的各种方法了，read()函数就是其中一种。read()函数会读取一些数据并将它们作为字符串（在文本模式下）或字节对象（在二进制模式下）返回。

read()函数的语法形式如下：

```
f.read(size) # f为文件对象
```

只有一个参数size（可选），表示从已打开文件中读取的字节数。默认情况下为读取全部。假设有一个文件sample1.txt，内容如下：

```
This is python big data analysis!
```

现在读取该文件：

```
with open('sample1.txt') as f:
    content = f.read()
    print(content)
f.close()
```

输出：

```
This is python big data analysis!
```

2）readline()函数

readline()函数从文件中读取一整行，包括换行符（\n）。如果读取的行是文件中的最后一行，并且该行没有以换行符结尾，则换行符会被省略。这样的设计确保了readline()的返回值总是清晰明确的，可以通过返回的字符串是否以换行符结束来判断是否读取到了文件的一行。f.readline(size)有一个参数size，表示从文件中读取的字节数。

假设有一个文件sample2.txt，共3行，内容如下：

```
hello,my friends!
This is python big data analysis,
let's study.
```

用readline函数读取该文件：

```
with open('a.txt') as f:
    print(f.readline())
    print(f.readline(5))
f.close()
```

输出：

```
hello,my friends!
This
```

readline方法会记住上一个readline方法读取的位置，接着读取下一行。因此，当需要遍历文件每一行的时候，不妨使用readline方法吧。

3）readlines()函数

readlines和readline长得像，但功能不一样。readline只读取一行，readlines则是读取所有行，返回的是所有行组成的列表。

readlines()函数没有参数，使用更加简单。依旧以sample2.txt为例：

```
with open('a.txt') as f:
    print(f.readlines())
f.close()
```

输出：

```
['hello,my friends!\n',  'This is python big data analysis,\n',  'let's study.\n']
```

6. 使用write()、writelines()写入文件

1）write()函数

顾名思义，write就是将字符串写入文件里。write()函数的语法形式如下：

```
f.write([str]) # f为文件对象
```

只有一个参数[str]，代表要写入的字符串。

write()函数使用起来也很简单，例如将下面字符串（注意里面的换行符）：

```
'hello,my friends!\nthis is python big data analysis'
```

写入文件sample3.txt里：

```
with  open('sample3.txt','w') as f:
    f.write('hello,my friends!\nthis is python big data analysis')
f.close()
```

输出：

```
hello,my friends!
this is python big data analysis
```

上面的代码在打开文件的时候，指定了w模式，启动了写操作，而且还使用了一个write()方法来向文件中写入指定字符串。

在代码中操作的字符串内容，主要存储在缓冲区，我们在文件关闭前或缓冲区刷新前，可以将它写入文件。

2）writelines()函数

writelines()函数是用来向文件写入一个序列（比如列表或元组）中的多个字符串。与write()不同，writelines()并不在字符串的末尾自动添加换行符（\n），所以如果需要换行，必须在序列中的字符串元素中包含它们。例如，将列表中的3行数据写入文件中：

```
# 创建一个列表
txtlist = ['Python 私教\n', 'Java 私教\n', 'C++ 私教\n']
# 写入文件
with open('hello.txt') as hello:
    hello.writelines(txtlist)
```

2.3.2　NumPy库存取文件

NumPy库用于数学计算，例如线性代数中的矩阵计算，在机器学习的算法实现中非常有用。本节只针对该库的文件存取功能进行简要介绍，其他功能将在第3章详细讲解。

NumPy提供了多种存取数组内容的文件操作函数。保存数组数据的文件可以是二进制格式或者文本格式。二进制格式的文件又分为NumPy专用类型、格式化二进制类型和无格式类型。NumPy格式的文件可以保存为后缀为".npy"或".npz"文件。

1．tofile()和fromfile()

tofile()函数将数组中的数据以二进制格式写进文件，tofile()输出的数据不保存数组形状和元素类型等信息。fromfile()函数读取数据时需要用户指定元素类型，并对数组的形状进行适当的修改。示例如下：

【程序 2.1】 np_fromfile.py

```
import numpy as np
#随机生成12个数字并将它们转换成3×4的矩阵形式
a = np.arange(12)
print('一维数组:',a)
a.shape = 3,4
print("3*4的矩阵:", a)
#将数组中的数据以二进制格式写入文件
a.tofile('a.bin')
#fromfile在读取numpy文件时需要用户指定数据格式，并以原格式保存
b1 = np.fromfile('a.bin',dtype=np.float)
b2 = np.fromfile('a.bin',dtype=np.int)
b3 = np.fromfile('a.bin',dtype=np.int32)
print('float格式b1:{},\nint格式b2:{}\nint32格式b3:{}'.format(b1,b2,b3)),b3.shape
= 3,4
print('b3:', b3)
```

输出结果为：

```
一维数组: [ 0  1  2  3  4  5  6  7  8  9 10 11]
3*4的矩阵: [[ 0  1  2  3]
 [ 4  5  6  7]
 [ 8  9 10 11]]
float格式b1:[2.12199579e-314 6.36598737e-314 1.06099790e-313 1.48539705e-313
 1.90979621e-313 2.33419537e-313],
int格式b2:[ 0  1  2  3  4  5  6  7  8  9 10 11]
int32格式b3:[ 0  1  2  3  4  5  6  7  8  9 10 11]
b3: [[ 0  1  2  3]
 [ 4  5  6  7]
 [ 8  9 10 11]]
```

2．save()、savez()和load()

NumPy使用专用的二进制格式保存数据，它们会自动处理元素类型和形状等信息。如果想将多个数组保存到一个文件中，可以使用savez()函数。savez()函数的第一个参数是文件名，其后的参数都是需要保存的数组；也可以使用关键字参数为数组起名，非关键字参数传递的数组会自动起名为arr_0、arr_1、……。savez()输出的是一个扩展名为"npz"的压缩文件，其中每个文件都是一个save()保存的npy文件，文件名和数组名相同。load()自动识别npz文件，并返回一个类似于字典的对象，可以将数组名作为键来获取数组的内容。示例如下：

【程序 2.2】 np_save.py

```
import numpy as np
a = np.arange(12)
```

```
a.shape = 3,4
#将数据存储为npy/npz
np.save('a.npy', a)
np.save('a.npz', a)
c = np.load('a.npy')
print('save-load:', c)
#存储多个数组
b1 = np.array([[6, 66, 666], [888, 88, 8]])
b2 = np.arange(0, 1.0, 0.1)
c2 = np.sin(b2)
np.savez('result.npz', b1, b2, sin_arry = c)
c3 = np.load('result.npz')
print(c3)
print('数组b1:{}\n数组b2:{}\n数组sin_arry:{}'.format(c3['arr_0'], c3['arr_1'],
c3['sin_arry']))
```

输出结果为:

```
save-load: [[ 0  1  2  3]
 [ 4  5  6  7]
 [ 8  9 10 11]]
<numpy.lib.npyio.NpzFile object at 0x000002ACADD7C390>
数组b1:[[  6 66 666]
[888 88   8]]
数组b2:[0.  0.1 0.2 0.3 0.4 0.5 0.6 0.7 0.8 0.9]
数组sin_arry:[[ 0  1  2  3]
        [ 4  5  6  7]
        [ 8  9 10 11]]
```

3. savetxt()和loadtxt()

在NumPy中，使用savetxt()函数可以将一维或二维数组写入后缀名为"txt"或"csv"的文件。loadtxt()函数用于从文本文件中加载数据，一般加载TXT或CSV文件。

函数使用示例如下:

【程序 2.3】np_savetxt.py

```
import numpy as np
arr = np.arange(12).reshape(3,4)
#fmt默认取%.18e(浮点数)
#分隔符默认是空格，写入文件保存在当前目录
np.savetxt('test-1.txt',arr)
#fmt:%d 写入文件的元素是十进制整数，分隔符为逗号"，"，写入文件保存在当前目录
np.savetxt('test-2.txt',arr,fmt='%d',delimiter=',')
#在test-3.txt文件头部和尾部增加注释，注释内容参见header和footer参数。%s代表写入文件的元素采
用字符串格式
np.savetxt('test-3.txt',arr,fmt='%s',delimiter=',',header='test-3',footer='测试
数据',encoding='utf-8')
#在test-4.txt文件头部加##test-4注释
np.savetxt('test-4.txt',arr,fmt='%f',delimiter=',',header='test-4',comments='##
#')
#将arr数组保存为CSV文件
```

```
np.savetxt('test-1.csv',arr,fmt='%d',header='test-1')
#loadtxt()函数
a = np.loadtxt('test-1.txt')
#读入当前目录下的文件 test-1.txt
print(a)
```

输出结果为：

```
[[ 0. 1. 2. 3.]
 [ 4. 5. 6. 7.]
 [ 8. 9. 10. 11.]]
```

在loadtxt()函数中设置skiprows参数：

```
# skiprows=1指跳过前1行，如果设置skiprows=2，就会跳过前两行
a = np.loadtxt('test-1.txt', skiprows=1, dtype=int)
print(a)
```

输出结果为：

```
[[ 4 5 6 7]
 [ 8 9 10 11]]
```

在loadtxt()函数中设置comments参数，comments='#'表示如果行的开头为#，就会跳过该行：

```
a = np.loadtxt('test-4.txt', skiprows=2, comments='#',delimiter=',')
b = np.loadtxt('test-4.txt',comments='#',delimiter=',')
print(a,b,sep='\n')
```

输出结果为：

```
[[ 4. 5. 6. 7.]
 [ 8. 9. 10. 11.]]
[[ 0. 1. 2. 3.]
 [ 4. 5. 6. 7.]
 [ 8. 9. 10. 11.]]
```

在loadtxt()函数中设置usecols，表示指定读取的列。例如读取0、2两列：

```
aa = np.loadtxt('test-3.txt',dtype=int, skiprows=1,delimiter=',',usecols=(0, 2))
#unpack是指会把每一列当成一个向量输出，而不是合并在一起
(a, b) = np.loadtxt('test-2.txt', dtype=int, skiprows=1,comments='#',
delimiter=',',usecols=(0, 2), unpack=True)
print(aa,a, b,sep='\n')
```

输出结果为：

```
[[ 0 2]
 [ 4 6]
 [ 8 10]]
[4 8]
[ 6 10]
```

读取CSV文件：

```
aa = np.loadtxt('test-1.csv',skiprows=1)
print(aa)
```

输出结果为：

```
[[ 0. 1. 2. 3.]
 [ 4. 5. 6. 7.]
 [ 8. 9. 10. 11.]]
```

2.3.3 Pandas存取文件

Python的Pandas是基于NumPy的非常强大的数据分析工具，是为了解决数据分析任务而创建的。本节将介绍如何使用Pandas存储信息。

Pandas提供两种主要的数据结构：Series和DataFrame。Series是一维数组，可以存储任何类型的数据，而DataFrame是二维表格，可以存储多个Series。我们可以使用Pandas来读取和写入各种文件格式，如CSV、Excel、SQL等。

先来看一下如何使用Pandas读取CSV文件。假设有一个名为data.csv的文件，其中包含以下数据：

```
Name,Age,Gender
John,25,Male
Jane,30,Female
Bob,20,Male
```

我们可以使用Pandas的read_csv函数来读取这个文件：

```
import pandas as pd
df=pd.read_csv(`data.csv`)
print(df)
```

输出结果为：

```
Name Age Gender
John 25 Male
Jane 30 Female
Bob 20 Male
```

可以看到，Pandas已经成功地读取了CSV文件，并将它转换为DataFrame对象。现在，我们可以对这个数据进行各种操作，如筛选、排序、分组等。

接下来看一下如何使用Pandas将数据写入CSV文件。假设我们已经对数据进行了一些操作，现在可以使用Pandas的to_csv函数将结果保存到名为result.csv的文件中：

```
import pandas as pd
#假设我们已经对数据进行了一些操作，并将结果存储在df中
df.to_csv('result.csv',index=False)
```

在这个例子中，我们将DataFrame对象df写入了一个名为result.csv的文件中，并将索引列排除在外。如果想要保留索引列，只需要将index参数设置为True即可。

除了CSV文件之外，Pandas还支持许多其他文件格式，如Excel、SQL、JSON等。我们可以使用类似的方法来读取和写入这些文件。

　　Pandas是一个非常强大的数据处理工具，它可以帮助我们轻松地存储、处理和分析系数据。无论是读取还是写入数据，Pandas都提供了简单而灵活的方法，使我们能够快速地完成各种数据处理任务。

2.4　本章小结

　　数据处理是一个收集、整理和将原始数据转换为另一种格式的过程，方便用户在更短的时间内更好地对数据进行理解、访问、分析和决策。通过学习本章内容，读者可以了解Python中的基本数据类型和Python文件的基本操作。Python中包含了很多文件处理库，我们可以根据文件的不同格式，选择对应的Python库来对文件进行操作。最后介绍了如何安装和配置Python集成开发环境，以及如何安装第三方工具包，为后续的学习奠定基础。

第 3 章
Python常用机器学习库

Python是一种流行的编程语言，也是机器学习领域中常用的语言之一。Python机器学习库提供了许多工具和算法，可以帮助开发人员快速构建和训练机器学习模型。本章将介绍常用的Python机器学习库。

本章主要知识点：

❖ Python数值计算库NumPy
❖ Python数据处理库Pandas
❖ Python数据可视化库Matplotlib
❖ Python机器学习库scikit-learn

3.1 Python 数值计算库 NumPy

NumPy是一个Python科学计算的基础包，它不仅是Python中使用最多的第三方库，还是SciPy、Pandas等数据科学的基础库。本节将简单介绍NumPy的安装及其基本操作。

3.1.1 NumPy简介与安装

NumPy是一个开源的Python科学计算库，用于高效地处理大型多维数组和矩阵运算。它主要提供了以下内容：

（1）快速高效的多维数组对象ndarray。
（2）对数组执行元素级计算，以及直接对数组执行数学运算的函数。
（3）读/写硬盘上基于数组的数据集的工具。
（4）线性代数运算、傅里叶变换及随机数生成的功能。
（5）将C、C++、Fortran代码集成到Python的工具。

除了为Python提供快速的数组处理能力外，NumPy在数据分析方面还有另外一个重要作用，即作为算法之间传递数据的容器。对于数值型数据，使用NumPy数组存储和处理数据，要比使用内置的Python数据结构高效得多。此外，由低级语言（例如C和Fortran）编写的库，可以直接操作NumPy数组中数据，无须进行任何数据复制工作。

安装NumPy库很简单，在命令行中输入以下命令即可：

```
pip install numpy
```

3.1.2　NumPy数组的基本操作

1. 创建NumPy数组

NumPy中的主要数据结构是数组。我们可以使用以下方法创建数组：

```
import numpy as np
# 创建一维数组
arr1 = np.array([1, 2, 3, 4])
# 创建二维数组
arr2 = np.array([[1, 2, 3], [4, 5, 6]])
```

2. 数组的访问、切片和修改

NumPy数组支持各种基本操作，例如元素访问、切片、修改等：

```
import numpy as np
arr = np.array([[1, 2, 3], [4, 5, 6]])
# 访问元素
print(arr[0, 1])                # 输出：2
# 切片
print(arr[:, 1:3])              # 输出：[[2, 3], [5, 6]]
# 修改元素
arr[0, 1] = 9
print(arr)                      # 输出：[[1, 9, 3], [4, 5, 6]]
```

3. 数组的计算

NumPy支持数组的各种计算，如加法、减法、乘法等：

```
import numpy as np
arr1 = np.array([1, 2, 3])
arr2 = np.array([4, 5, 6])
# 数组加法
print(arr1 + arr2)              # 输出：[5, 7, 9]
# 数组减法
print(arr1 - arr2)              # 输出：[-3, -3, -3]
# 数组乘法
print(arr1 * arr2)              # 输出：[ 4, 10, 18]
```

4. 数学函数

NumPy提供了许多数学函数，如求和、均值、方差等：

```
import numpy as np
arr = np.array([1, 2, 3, 4, 5])
```

```
# 求和
print(np.sum(arr))  # 输出: 15
# 求均值
print(np.mean(arr))  # 输出: 3.0
# 求方差
print(np.var(arr))  # 输出: 2.0
```

本节仅为NumPy库的简单介绍，NumPy库的功能远不止于此，读者需要用到更多功能的时候可以查阅官方文档。

3.2　Python 数据处理库 Pandas

Pandas是由AQR Capital Management于2008年开发的开源软件库，旨在提供高性能、易于使用的数据结构和数据分析工具。本节将简要介绍Pandas库的安装及使用。

3.2.1　Pandas库简介与安装

Pandas建立在NumPy库的基础上，为数据处理和分析提供了更多的功能和灵活性。Pandas的核心数据结构是Series和DataFrame。Series是一维带标签数组，类似于NumPy中的一维数组，但它可以包含任何数据类型。DataFrame是二维表格型数据结构，类似于电子表格或SQL中的数据库表，它提供了处理结构化数据的功能。

Pandas提供了广泛的数据操作和转换方法，包括数据读取、数据清洗、数据分组、数据聚合等。它还集成强大的索引和切片功能，方便用户快速地获取和处理数据。

Pandas安装方法如下：

```
pip install pandas
```

下面将详细介绍Pandas库的常见功能和应用场景。

3.2.2　数据读取与写入

在数据分析中，通常需要从各种数据源中读取数据。Pandas提供了多种方法来读取和写入不同格式的数据，包括CSV、Excel、SQL数据库、JSON、HTML等。

（1）读取CSV文件：

```
import pandas as pd
# 读取CSV文件
data = pd.read_csv('data.csv')
```

（2）写入CSV文件：

```
import pandas as pd
# 写入CSV文件
data.to_csv('output.csv', index=False)
```

（3）读取Excel文件：

```
import pandas as pd
# 读取Excel文件
data = pd.read_excel('data.xlsx', sheet_name='Sheet1')
```

（4）写入Excel文件：

```
import pandas as pd
#写入Excel文件
data.to_excel('output.xlsx', sheet_name='Sheet1', index=False)
```

（5）读取SQL数据库：

```
import pandas as pd
import sqlite3
# 连接到SQLite数据库
db = sqlite3.connect('database.db')
# 读取SQL查询结果
data = pd.read_sql_query('SELECT * FROM table', db)
```

（6）写入SQL数据库：

```
import pandas as pd
import sqlite3
# 连接到SQLite数据库
db = sqlite3.connect('database.db')
# 将数据写入SQL数据库
data.to_sql('table', db, if_exists='replace', index=False)
```

3.2.3　数据清洗与转换

数据清洗是数据分析的基础步骤之一，Pandas提供了丰富的功能来处理和转换数据。

（1）处理缺失值：

```
import pandas as pd
#删除包含缺失值的记录
data.dropna()
#填充缺失值
data.fillna(0)
```

（2）处理重复数据：

```
import pandas as pd
#去除重复记录
data.drop_duplicates()
```

（3）处理异常值：

```
import pandas as pd
# 筛选有效范围内的数据
data[(data['value'] > 0) & (data['value'] < 100)]
```

（4）转换数据格式：

```
import pandas as pd
# 转换日期格式
data['date'] = pd.to_datetime(data['date'])
# 转换数值类型
data['value'] = data['value'].astype(int)
```

（5）处理不一致数据：

```
import pandas as pd
# 转换为小写
data['category'] = data['category'].str.lower()
# 替换字符串
data['category'] = data['category'].replace('A', 'B')
```

（6）数据分组与聚合：

```
import pandas as pd
# 按列分组并计算平均值
data.groupby('category')['value'].mean()
# 按多列分组并计算统计指标
data.groupby(['category', 'year'])['value'].sum().max()
```

3.2.4　数据分析与可视化

Pandas库提供丰富的数据分析和统计方法，可以进行数据探索和分析，并通过可视化工具将结果可视化。

（1）描述性统计分析：

```
import pandas as pd
# 计算描述性统计指标
data.describe()
# 计算相关系数矩阵
data.corr()
```

（2）数据筛选与切片：

```
import pandas as pd
# 按条件筛选数据
data[data['value'] > 0]
# 根据索引或标签切片数据
data.loc[10:20, ['category', 'value']]
```

（3）数据排序与排名：

```
import pandas as pd
# 按列排序数据
data.sort_values('value')
# 计算并添加排名列
data['rank'] = data['value'].rank(ascending=False)
```

（4）数据可视化：

```
import pandas as pd
import matplotlib.pyplot as plt
# 绘制折线图
data.plot(x='date', y='value', kind='line')
# 绘制柱状图
data.plot(x='category', y='value', kind='bar')
# 绘制散点图
data.plot(x='x', y='y', kind='scatter')
```

Pandas是Python数据分析中不可或缺的工具之一，它提供了丰富的数据处理和分析功能，使得数据清洗、转换、分析和可视化变得更加简单和高效。

本节详细介绍了Pandas库的常见功能和应用场景，并通过实例演示了它在Python数据分析中的具体应用。通过合理利用Pandas提供的功能，可以大大提高数据分析的效率和准确性。

3.3　Python 数据可视化库 Matplotlib

Matplotlib是一个基于Python的绘图库，完全支持二维图像，有限支持三维图像。本节将简单介绍Python数据可视化库Matplotlib的安装及应用。

3.3.1　Matplotlib安装与基本使用

Matplotlib是Python编程语言及其数据科学扩展包NumPy的可视化操作界面库。它利用图形用户界面工具包（如Tkinter、wxPython、Qt、FLTK、Cocoatoolkits或GTK+），向应用程序嵌入式绘图提供了应用程序接口（API）。此外，Matplotlib还有一个基于图像处理库（如图形库OpenGL）的pylab接口，其设计与MATLAB非常类似。SciPy就是利用Matplotlib进行图形绘制的。

Matplotlib安装方法如下：

```
pip install matplotlib
```

Matplotlib模块很庞大，其中最常用的一个子模块是pyplot，通常使用以下方式导入：

```
import matplotlib.pyplot as plt
```

pyplot中最基础的作图方式是以点作图，即给出每个点的坐标，pyplot会将这些点在坐标系中画出，并用线连接起来。以正弦函数为例，用pyplot画出图像的示例如下：

【程序 3.1】np_plt1.py

```
import numpy as np
import matplotlib.pyplot as plt
x = np.arange(0,2*np.pi,0.1)      #生成一个范围为0到2pi、步长为0.1的数组x
y = np.sin(x)                     #将x的值传入正弦函数，得到对应的值并存入数组y
plt.plot(x,y)                     #传入plt.plot()，将x,y转换成对应坐标
plt.show()                        #显示图像
```

代码运行结果如图3-1所示。

注意　选择x的步长为0.1是为了让每个点间隔较小，以使图像更加接近真实情况。如果步长过大，则会变成折线，例如将步长设置为1，则效果会变成如图3-2所示的情况。

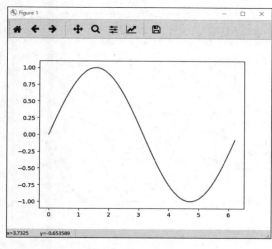
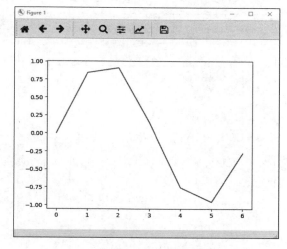

图 3-1　pyplot 画图 1　　　　　　　　　　　图 3-2　pyplot 画图 2

除了np.sin()方法外，NumPy中还有np.cos()、np.tan()等计算三角函数的方法。上面代码中的方法中，最重要的是plt.plot()方法。plt.plot()方法可以接收任意对数量的x和y，并将这些点在一幅图上画出来。例如，在原来的正弦图像上增加余弦图像，示例如下：

【程序 3.2】np_plt2.py

```
import numpy as np
import matplotlib.pyplot as plt
x = np.arange(0,2*np.pi,0.1)    #生成一个范围为0到2pi、步长为0.1的数组x
y1 = np.sin(x)                  #将x的值传入正弦函数，得到对应的值并存入数组y1
y2 = np.cos(x)                  #将x的值传入余弦函数，得到对应的值并存入数组y2
plt.plot(x,y1,x,y2)            #传入plt.plot()，将(x, y1)、(x,y2)转换成对应坐标
plt.show()                     #显示图像
```

以上程序共用了同一个x，当然也可以重新定义一个新的 x，最终得到的图像如图3-3所示。

【程序3.2】使用了一次plt.plot()方法直接将两个数字转换成对应坐标。当然，也可以调用两次，以下两行代码和【程序3.2】中的第6行代码是等价的。

```
plt.plot(x,y1)
plt.plot(x,y2)
```

对于每一对x和y，都有一个可选用的格式化参数，用来指定线条的颜色、点标记和线条的类型，示例如下：

【程序 3.3】np_plt3.py

```
import numpy as np
import matplotlib.pyplot as plt
x = np.arange(0,2*np.pi,0.1)    #生成一个范围为0到2pi、步长为0.1的数组x
```

```
y1 = np.sin(x)  #将x的值传入正弦函数，得到对应的值并存入数组y1
y2 = np.cos(x)  #将x的值传入余弦函数，得到对应的值并存入数组y2
plt.plot(x,y1,'ro--',x,y2,'b*-.') #将(x, y1)、(x,y2)转换成对应坐标，并选用格式化参数
plt.show()  #显示图像
```

传入格式化参数后，最终图像如图3-4所示。

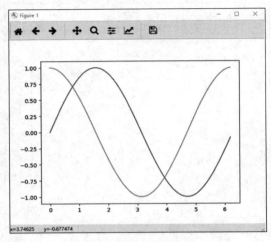

图 3-3　pyplot 画图 3

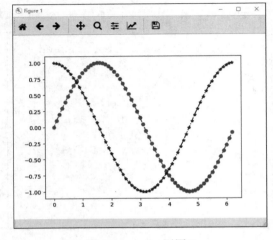

图 3-4　pyplot 画图 4

以其中的参数'ro--'为例，它分为3部分：r代表红色（red），o代表在坐标点采用圆点标记，--代表虚线。'ro--'整体来说就是红色的、坐标点标记为圆点的虚线。格式化参数这3部分都是可选的，即传入一部分也是可以的，并且没有顺序要求。格式化参数常用的选型及含义如表3-1所示。

表3-1　格式化参数常用选型

颜　　色		点　标　记		线条类型	
b	blue（蓝）	"."	点	"："	……
g	green（绿）	","	像素点	"-."	_._._._
r	red（红）	"o"	圆圈	"--"	--------
c	cyan（蓝绿）	"v"	向上的三角	"-"	——
m	magenta（洋红）	"^"	向下的三角		
y	yellow（黄）	"<"	向右的三角		
k	black（黑）	">"	向左的三角		
w	white（白）	"*"	星星		

3.3.2　绘制折线图

其实在3.3.1节已经使用plot.plot()方法实现过折线图了，只不过之前我们传入的是x和y坐标点，而折线图的x和y分别是时间点和对应的数据。下面示例显示两个商品的销量走势。

【程序 3.4】plt_zx.py

```
import numpy as np
import matplotlib.pyplot as plt
```

```
x = ['周一','周二','周三','周四','周五','周六','周日']
y1 = [61,42,52,72,86,91,73]
y2 = [23,26,67,38,46,55,33]
#传入label参数
plt.rcParams['font.family'] = ['SimHei'] #设置字体，防止出现乱码
plt.plot(x, y1, label='商品A') #增加折线图图例"商品A"
plt.plot(x, y2, label='商品B') #增加折线图图例"商品B"
#设置X轴标签
plt.xlabel('时间')
plt.ylabel('销量')
#设置图表标题
plt.title('商品销量对比图')
#显示图例、图像
plt.legend(loc='best') #显示图例，并设置在"最佳位置"
plt.show()
```

代码运行结果如图3-5所示。

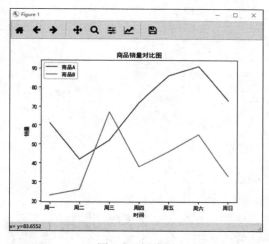

图 3-5　折线图

因为图中有中文，所以通过plt.rcParams['font.family'] = ['SimHei']来设置中文字体，以防止出现乱码，如果想设置其他字体，只需将SimHei（黑体）替换成相应的字体名称即可。我们可以通过以下代码来获得自己编译器所在环境安装的字体：

```
import matplotlib.font_manager as fm
for font in fm.fontManager.ttflist:
    print(font.name)
```

图例位置是一个可选参数，默认Matplotlib会自动选择合适的位置，也可以指定其他位置，具体如表3-2所示。

表3-2　plt.legend()方法的loc参数选择

参　　　数	含　　　义	参　　　数	含　　　义
best	最佳位置	center	居中
upper right	右上角	center right	靠右居中

（续表）

参　数	含　义	参　数	含　义
upper left	左上角	center left	靠左居中
lower left	左下角	lower center	靠下居中
lower right	右下角	upper center	靠上居中

3.3.3　绘制柱状图

柱状图描述的是分类数据，展示的是每一类的数量。柱状图有很多种，包括普通柱状图、堆叠柱状图、分组柱状图等。

1．普通柱状图

普通柱状图调用plt.bar()方法实现。我们至少需要传入两个参数：第一个参数是X轴上的刻度标签序列（列表、元组、数组等）；第二个参数用于指定每个柱子的高度，也就是具体的数据。下面以一个班级体育课的选课情况为例，讲解普通柱状图的实现方法。

【程序3.5】plt_zzbar.py

```python
import numpy as np
import matplotlib.pyplot as plt
plt.rcParams['font.family'] = ['SimHei'] #设置字体，防止乱码
name = ['乒乓球','羽毛球','网球']
nums = [26,20,19]
plt.bar(name, nums)
plt.show()
```

plt.bar()前两个参数是必选的。当然还有一些可选参数，常用的有width和color，分别用于设置柱子的宽度（默认0.8）和颜色。例如，要将柱子宽度改成0.6，并将柱子的颜色设成好看的天蓝色，只需将plt.bar()改为plt.bar(names, nums, width=0.6, color='skyblue')即可。之前在折线图部分用到的plt.xlabel()、plt.ylabel()、plt.title()和plt.legend()方法都是通用方法，并不局限于一种图表，所有的图表都适用。

代码运行结果如图3-6所示。

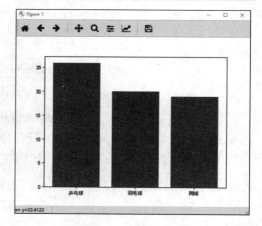

图3-6　普通柱状图

2．堆叠柱状图

柱状图能直观地展现出不同数据上的差异，但有时候我们需要进一步分析数据的分布，例如每门选修课的男女比例，这时就需要用到堆叠柱状图。下面示例用于进一步分析每一门选修课中男女的比例。

【程序3.6】plt_ddbar.py

```python
import numpy as np
import matplotlib.pyplot as plt
```

```
plt.rcParams['font.family'] = ['SimHei'] #设置字体，防止乱码
name = ['乒乓球','羽毛球','网球']
nums_boy = [16,5,11]
nums_girl = [10,15,8]
plt.bar(name, nums_boy, width=0.6, color='skyblue', label='男')
plt.bar(name, nums_girl, bottom=nums_boy, width=0.6, color='pink', label='女')
plt.legend()
plt.show()
```

代码运行结果如图3-7所示。

上面的代码和普通柱状图的实现代码相比，多调用了一次plt.bar()方法，并传入了bottom参数。每调用一次plt.bar()方法，就会画一次对应的柱状图。这里bottom参数的作用就是控制柱状图低端的位置。我们将前一个柱状图的高度传进去，这样就形成了堆叠柱状图。如果没有bottom参数，后面的图形就会覆盖原来的图形，就像图3-8所示的效果。

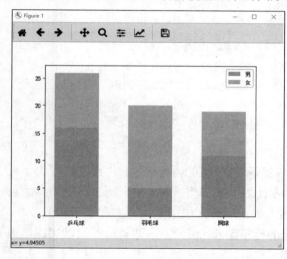 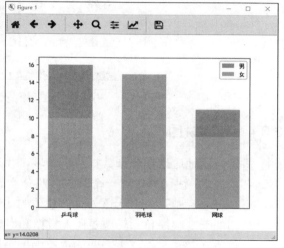

图 3-7　堆叠柱状图 1　　　　　　　　　图 3-8　堆叠柱状图 2

3. 分组柱状图

分组柱状图经常用于不同组间数据的比较，这些组都包含了相同分类的数据。下面示例分组展示篮球、羽毛球、乒乓球3项运动的男女比例。

【程序 3.7】plt_fzbar.py

```
import numpy as np
import matplotlib.pyplot as plt
x = np.arange(3)
width = 0.3
names = ['篮球', '羽毛球', '乒乓球']
nums_boy = [16, 5, 11]
nums_girl = [10, 15, 8]
plt.rcParams['font.family'] = ['SimHei']        #设置字体，防止乱码
plt.bar(x - width / 2, nums_boy, width=width, color='skyblue', label='男')
plt.bar(x + width / 2, nums_girl, width=width, color='pink', label='女')
plt.xticks(x, names)
```

```
plt.legend()
plt.show()
```

运行结果如图3-9所示。

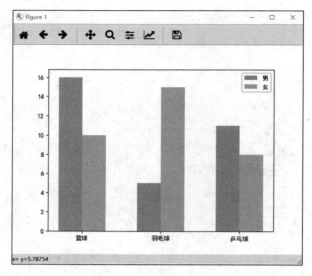

图 3-9　分组柱状图

3.3.4　绘制饼图

饼图广泛地应用在各个数据分析领域，用于表示不同分类的占比情况，它通过弧度大小来对比各种分类。饼图通过将一个圆饼按照分类的占比划分成多个区块，整个圆饼代表数据的总量，每个区块（圆弧）表示该分类占总体的比例大小，所有区块（圆弧）的和等于100%。

饼图的绘制很简单，只需要传入数据和对应的标签给 plt.pie()方法即可。下面以2018年国内生产总值（GDP）中三大产业的占比为例画出饼图。

【程序3.8】plt_pie.py

```
import matplotlib.pyplot as plt
plt.rcParams['font.family'] = ['SimHei']        #设置字体，防止乱码
data = [64745.2, 364835.2, 489700.8]
labels = ['第一产业', '第二产业', '第三产业']
explode = (0.1, 0, 0)
plt.pie(data, explode=explode, labels=labels,autopct='%0.1f%%')
plt.show()
```

plt.pie()方法的第一个参数是绘图需要的数据；参数explode是可选参数，用于突出显示某一区块，默认数值是0，数值越大，区块抽离越明显；参数 lables 是数据对应的标签；参数autopct用于给饼图自动添加百分比显示。

参数autopct的格式用到了字符串格式化输出的知识。代码中，"%0.1f%%"可以分成两部分：一部分是"%0.1f"，表示保留一位小数，同理，"%0.2f"表示保留两位小数；另一部分是"%%"，它表示输出一个%，因为%在字符串格式化输出中有特殊的含义，所以想要输出%就得写成%%。因此，"%0.1f%%"的含义是保留一位小数的百分数，例如66.6%。

代码运行结果如图3-10所示。

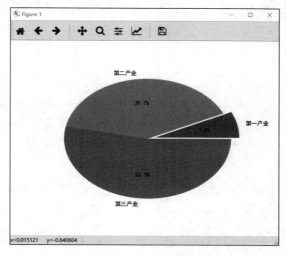

图 3-10　饼图

3.3.5　绘制子图

Matplotlib提供了子图的概念，通过使用子图，可以在一幅图里绘制多个图表。在Matplotlib中，调用plt.subplot()方法来添加子图。plt.subplot()方法的前两个参数分别是子图的行数和列数，第三个参数是子图的序号（从1开始）。示例如下：

【程序 3.9】plt_subplt1.py

```
ax1 = plt.subplot(2, 2, 1)
ax2 = plt.subplot(2, 2, 2)
ax3 = plt.subplot(2, 2, 3)
ax4 = plt.subplot(2, 2, 4)
plt.show()
```

代码中，plt.subplot(2,2,1)的作用是生成一个两行两列的子图，所以上面四行代码将一幅图分成了4个子图。代码运行结果如图3-11所示。

我们也可以绘制不规则的子图，例如上面两个子图，下面一个子图，示例如下：

【程序 3.10】plt_subplt1_2.py

```
ax1 = plt.subplot(2, 2, 1)
ax2 = plt.subplot(2, 2, 2)
ax3 = plt.subplot(2, 1, 2)
plt.show()
```

第3行代码是plt.subplot(2, 1, 2)，这是因为子图序号是独立的，与之前创建的子图没有关系。plt.subplot(2, 2, 1)选择并展示了2×2的子图中的第一个。plt.subplot(2, 2, 2)选择并展示了2×2的子图中的第二个，它们两个合起来占了2×2子图的第一行。而plt.subplot(2, 1, 2)则是生成了两行一列的子图，并选择了第二行，即占满第二行的子图，正好填补了之前2×2子图第二行剩下的空间。因此，生成的图表效果如图3-12所示。

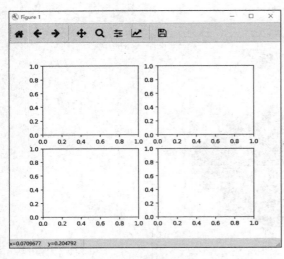

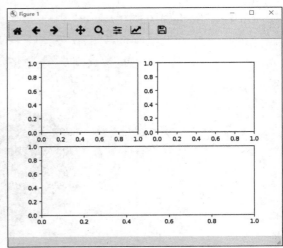

图 3-11　子图图表 1　　　　　　　　　　　　　　　　　图 3-12　子图图表 2

　　图表的框架画好了，就可以往里面填充图像了。之前调用的是plt方法进行绘图，现在只需将它改成在plt.subplot()方法的返回值上调用相应的方法绘图即可。下面在一幅图上绘制sin、cos和tan三个函数的图像，代码如下：

【程序 3.11】plt_subplt2.py

```python
import numpy as np
import matplotlib.pyplot as plt
plt.rcParams['font.family'] = ['SimHei']          #设置字体，防止乱码
plt.rcParams['axes.unicode_minus']=False          #用来正常显示负号
x = np.arange(0, 2 * np.pi, 0.1)
plt.suptitle('三角函数可视化')
ax1 = plt.subplot(2,2,1)
ax1.set_title('sin函数')
y1 = np.sin(x)
ax1.plot(x,y1)
ax2 = plt.subplot(2,2,2)
ax2.set_title('cos函数')
y2 = np.cos(x)
ax2.plot(x,y2)
ax3 = plt.subplot(2,1,2)
ax3.set_title('tan函数')
y3 = np.tan(x)
ax3.plot(x,y3)
plt.show()
```

　　上面示例代码中，使用set_title()方法为每个子图设置单独的标题。需要注意的是，如果想要给带有子图的图表设置总的标题的话，不是使用plt.title()方法，而是通过plt.suptitle()方法来设置带有子图的图表标题。代码运行结果如图3-13所示。

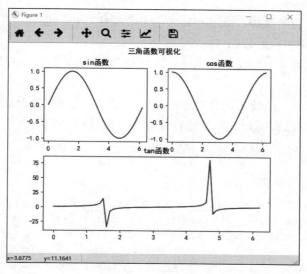

图 3-13　绘制子图

3.4　Python 机器学习库 scikit-learn

scikit-learn（简称sklearn）是一个开源的机器学习库，提供了一系列高效的工具，用于机器学习和统计建模。sklearn通过简洁一致的界面，使得机器学习技术更易于使用，并且提供了大量文档和教程，非常适合快速原型开发和教学使用。本节就来介绍sklearn的安装和使用。

3.4.1　sklearn简介与安装

sklearn是机器学习中常用的第三方模块，它对常用的机器学习方法进行了封装，包括回归（Regression）、降维（Dimensionality Reduction）、分类（Classfication）、聚类（Clustering）等方法。

sklearn具有以下特点：

- 是简单高效的数据挖掘和数据分析工具。
- 让每个人能够在复杂环境中重复使用。
- 建立在NumPy、SciPy、Matplotlib之上。

sklearn的安装要求是Python 2版本要大于或等于2.7，Python 3版本要大于或等于3.3，NumPy版本要大于或等于1.8.2，SciPy版本要大于或等于0.13.3。如果已经安装NumPy和SciPy，那么安装sklearn的命令为：

```
pip install -U scikit-learn
```

3.4.2　sklearn通用学习模式

sklearn中包含众多机器学习方法，但各种学习方法大致相同，这里介绍sklearn的通用学习模式。

（1）引入需要训练的数据，sklearn自带部分数据集，也可以通过相应方法进行构造，在下一节中我们会介绍如何构造数据。

（2）选择相应机器学习方法进行训练，训练过程中可以通过一些技巧调整参数，使得学习准确率更高。

（3）模型训练完成之后便可预测新数据。我们还可以通过Matplotlib等方法来直观地展示数据。另外，还可以将已训练好的模型进行保存，以方便移动到其他平台，而不必重新训练。

下面是一个利用sklearn进行机器学习的示例。

【程序 3.12】sk_load_data.py

```
from sklearn import datasets          #引入数据集，sklearn包含众多数据集
from sklearn.model_selection import train_test_split   #将数据分为测试集和训练集
from sklearn.neighbors import KNeighborsClassifier     #利用邻近点方式训练数据
###引入数据###
iris=datasets.load_iris()             #引入iris鸢尾花数据，iris数据包含4个特征变量
iris_X=iris.data                      #特征变量
iris_y=iris.target                    #目标值
X_train,X_test,y_train,y_test=train_test_split(iris_X,iris_y,test_size=0.3)#利
用train_test_split将训练集和测试集分开，test_size占30%
print(y_train)                        #可以看到训练数据的特征值分为3类
'''
[0 0 0 0 0 0 0 0 0 0 0 0 0 0 0 0 0 0 0 0 0 0 0 0 0 0 0 0 0 0 0 0 0 0 0 0 0
 0 0 0 0 0 0 0 0 1 1 1 1 1 1 1 1 1 1 1 1 1 1 1 1 1 1 1 1 1 1 1 1 1 1 1 1 1
 1 1 1 1 1 1 1 1 1 1 1 1 1 1 1 1 1 1 1 1 1 2 2 2 2 2 2 2 2 2 2 2 2 2 2 2 2
 2 2 2 2 2 2 2 2 2 2 2 2 2 2 2 2 2 2 2 2 2 2 2 2 2 2 2 2 2 2 2 2 2 2 2 2 2]
'''

###训练数据###
knn=KNeighborsClassifier()            #引入训练方法
knn.fit(X_train,y_train)              #填充测试数据进行训练
###预测数据###
print(knn.predict(X_test))            #预测特征值
'''
[1 1 1 0 2 2 1 1 1 1 0 0 0 2 2 0 1 2 2 0 1 0 0 0 0 0 0 2 1 0 0 0 1 0 2 0 2 0 1 2 1
0 0 1 0 2]
'''

print(y_test)                         #真实特征值
'''
[1 1 1 0 1 2 1 1 1 1 0 0 0 2 2 0 1 2 2 0 1 0 0 0 0 0 0 2 1 0 0 0 1 0 2 0 2 0 1 2 1
0 0 1 0 2]
'''
```

3.4.3　sklearn数据集

sklearn提供了一些加载标准数据集的函数（见表3-3），我们不必再从其他网站寻找数据进行训练。例如，3.4.2节用来训练的load_iris数据集，可以很方便地返回数据特征变量和目标值。除了引入数据之外，sklearn还可以通过load_sample_images()来引入图片。

表3-3　sklearn提供的加载标准数据集的函数

函　数　名	描　　述
load_boston([return_X_y])	Load and return the boston house-prices dataset(regression)
load_iris([return_X_y])	Load and return the iris dataset(classification)
load_diabetes([return_X_y])	Load and return the diabetes dataset(regression)
load_digits([n_class,return_X_y])	Load and return the digits dataset(classification)
load_linnerud([return_X_y])	Load and return thr linnerud dataset(multivariate regression)
load_wine([return_X_y])	Load and return the wine dataset(classification)
load_breast_cancer([return_X_y])	Load and return the breast cancer Wisconsin dataset(classification)

除了sklearn提供的一些数据之外，我们还可以自己构造一些数据来帮助学习。示例如下：

```
from sklearn import datasets#引入数据集
#构造的各种参数，可以根据需要调整
X,y=datasets.make_regression(n_samples=100,n_features=1,n_targets=1,noise=1)
###绘制构造的数据###
import matplotlib.pyplot as plt
plt.figure()
plt.scatter(X,y)
plt.show()
```

代码运行结果如图3-14所示。

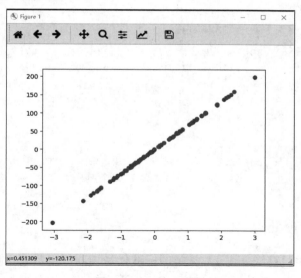

图 3-14　sklearn 画图

3.4.4　sklearn模型的属性和功能

数据训练完成之后就可以得到模型。我们可以根据不同模型得到相应的属性和功能，并将其输出，从而得到直观结果。例如，如果通过线性回归训练之后得到线性函数 $y = 0.3x + 1$，那么可以通过_coef得到模型的系数为0.3，通过_intercept得到模型的截距为1，示例如下：

【程序 3.13】 sk_linearregression_model.py

```python
from sklearn import datasets
from sklearn.linear_model import LinearRegression#引入线性回归模型
import pandas as pd
import numpy as np

###引入数据###
data_url = "http://lib.stat.cmu.edu/datasets/boston"
raw_df = pd.read_csv(data_url, sep="\s+", skiprows=22, header=None)
data = np.hstack([raw_df.values[::2, :], raw_df.values[1::2, :2]])
target = raw_df.values[1::2, 2]
data_X=data
data_y=target
print(data_X.shape)
#(506, 13)data_X共13个特征变量


###训练数据###
model=LinearRegression()
model.fit(data_X,data_y)
model.predict(data_X[:4,:])#预测前4个数据


###属性和功能###
print(model.coef_)
'''
[ -1.07170557e-01   4.63952195e-02   2.08602395e-02   2.68856140e+00
  -1.77957587e+01   3.80475246e+00   7.51061703e-04  -1.47575880e+00
   3.05655038e-01  -1.23293463e-02  -9.53463555e-01   9.39251272e-03
  -5.25466633e-01]
'''
print(model.intercept_)
#36.4911032804
print(model.get_params())#得到模型的参数
#{'copy_X': True, 'normalize': False, 'n_jobs': 1, 'fit_intercept': True}
print(model.score(data_X,data_y))#对训练情况进行打分
#0.740607742865
```

3.4.5　sklearn数据预处理

对于大多数机器学习算法来说，数据集的标准化是一项基本要求。如果某个特征的分布不大致呈标准正态分布，那么它在模型中的表现可能不会很好。在实践中，我们常常会忽略特征的分布形态，直接使用每个特征的均值来进行中心化，并通过除以非常量特征（Non-Constant Features）的标准差来进行缩放。

例如，许多学习算法的目标函数都基于这样的假设：所有特征都应该具有零均值，并且具有同一阶数的方差。这一点在径向基函数、支持向量机和包含L1/L2正则化项的算法中尤其重要。如果某个特征的方差显著高于其他特征，那么它可能会在学习过程中占据主导位置，从而

阻碍模型从其他特征中进行学习。为了避免这种情况，我们可以使用scale方法对数据进行缩放，以实现标准化的效果。示例如下：

【程序 3.14】sk_scale.py

```
from sklearn import preprocessing
import numpy as np
a=np.array([[10,2.7,3.6],
            [-100,5,-2],
            [120,20,40]],dtype=np.float64)
print(a)
print(preprocessing.scale(a))          #对数据进行缩放
'''
[[  10\.      2.7     3.6]
 [-100\.      5\.     -2\. ]
 [ 120\.     20\.     40  ]
[[  0\.        -0.85170713 -0.55138018]
 [-1.22474487 -0.55187146 -0.852133  ]
 [ 1.22474487  1.40357859  1.40351318]]
'''
```

从运行结果来看，经过scale方法后数据相差度明显减少。

【程序 3.15】sk_pre_data.py

```
from sklearn.model_selection import train_test_split
from sklearn.datasets.samples_generator import make_classification
from sklearn.svm import SVC
import matplotlib.pyplot as plt
###生成的数据如图3-15所示###
plt.figure
X,y=make_classification(n_samples=300,n_features=2,n_redundant=0,
        n_informative=2, random_state=22,n_clusters_per_class=1,scale=100)
plt.scatter(X[:,0],X[:,1],c=y)
plt.show()
###利用minmax方式对数据进行规范化###
X=preprocessing.minmax_scale(X)#feature_range=(-1,1)可设置重置范围
X_train,X_test,y_train,y_test=train_test_split(X,y,test_size=0.3)
clf=SVC()
clf.fit(X_train,y_train)
print(clf.score(X_test,y_test))
#0.933333333333
```

代码运行结果如图3-15所示。

数据经过规范化后，模型评分为0.933333333333，准确度相对于不进行规范化有很大提升。

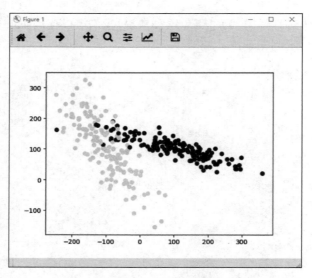

图 3-15　数据规范化后的 sklearn 图

3.4.6　交叉验证

交叉验证（**Cross Validation**）用于评估模型的预测性能，尤其是训练好的模型在新数据上的表现。交叉验证可以在一定程度上减小过拟合，还可以从有限的数据中获取到尽可能多的有效信息。

在机器学习任务中，得到数据后，我们首先会将原始数据集分为两部分：训练集和测试集。训练集用于训练模型；测试集对于模型来说是未知数据，用于评估模型的泛化能力。不同的数据划分会得到不同的最终模型。

以前，我们直接将数据分割成70%的训练数据和30%的测试数据。现在，我们利用K折交叉验证分割数据，首先将数据分为5组，然后从5组数据之中选择不同数据进行训练。示例如下：

【程序 3.16】sk_split_data.py

```
from sklearn.datasets import load_iris
from sklearn.model_selection import train_test_split
from sklearn.neighbors import KNeighborsClassifier
###引入数据###
iris=load_iris()
X=iris.data
y=iris.target
###训练数据###
X_train,X_test,y_train,y_test=train_test_split(X,y,test_size=0.3)
#引入交叉验证，数据分为5组进行训练
from sklearn.model_selection import cross_val_score
knn=KNeighborsClassifier(n_neighbors=5)#选择邻近的5个点
scores=cross_val_score(knn,X,y,cv=5,scoring='accuracy')#评分方式为accuracy
print(scores)#每组的评分结果
#[ 0.96666667  1\.        0.93333333  0.96666667  1\.        ]5组数据
print(scores.mean())#平均评分结果
#0.973333333333
```

那么，是否n_neighbor=5便是最好呢？我们调整参数来看模型的最终训练分数。

```
from sklearn import datasets
from sklearn.model_selection import train_test_split
from sklearn.neighbors import KNeighborsClassifier
from sklearn.model_selection import cross_val_score#引入交叉验证
import matplotlib.pyplot as plt
###引入数据###
iris=datasets.load_iris()
X=iris.data
y=iris.target
###设置n_neighbors的值为1到30，通过绘图来看训练分数###
k_range=range(1,31)
k_score=[]
for k in k_range:
knn=KNeighborsClassifier(n_neighbors=k)
loss=cross_val_score(knn,X,y,cv=10,scoring='accuracy')#for classfication
k_score.append(loss.mean())
plt.figure()
plt.plot(k_range,k_score)
plt.xlabel('Value of k for KNN')
plt.ylabel('CrossValidation accuracy')
plt.show()
#K过大会带来过拟合问题，我们可以选择12～18的值
```

代码运行结果如图3-16所示。

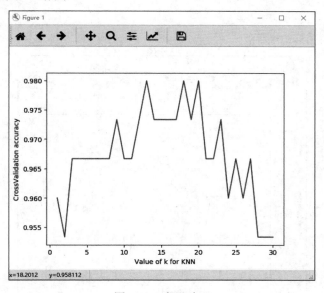

图 3-16　交叉验证

可以看到，n_neighbor的值为12～18的评分比较高。在实际项目中，我们可以通过这种方式来选择不同参数。另外，我们还可以选择2层交叉验证（2-fold Cross Validation）、留一法交叉验证（Leave-One-Out Cross Validation）等方法来分割数据，比较不同方法和参数，从而得到最优结果。

我们将上述代码中的循环部分改变一下，将评分函数改为neg_mean_squared_error，便能得到对应不同参数的损失函数，示例如下：

【程序 3.17】sk_loss_func.py

```python
from sklearn import datasets
from sklearn.model_selection import train_test_split
from sklearn.neighbors import KNeighborsClassifier
from sklearn.model_selection import cross_val_score#引入交叉验证
import  matplotlib.pyplot as plt
###引入数据###
iris=datasets.load_iris()
X=iris.data
y=iris.target
###设置n_neighbors的值为1到30,通过绘图来看训练分数###
k_range=range(1,31)
k_score=[]
for k in k_range:
    knn=KNeighborsClassifier(n_neighbors=k)
    loss=-cross_val_score(knn,X,y,cv=10,scoring='neg_mean_squared_error')# for
regression
    k_score.append(loss.mean())
    plt.figure()
    plt.plot(k_range,k_score)
    plt.xlabel('Value of k for KNN')
    plt.ylabel('CrossValidation accuracy')
    plt.show()
```

代码运行结果如图3-17所示。

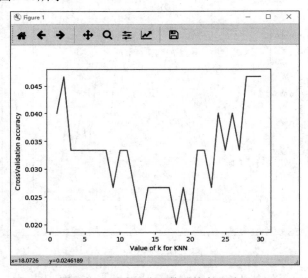

图 3-17   更改评分函数后的交叉验证

3.4.7   保存模型

我们花费很长时间用来训练数据、调整参数，从而得到最优模型。但是，如果平台改变，我们就还需要重新训练数据和修正参数来得到模型，将会非常浪费时间。此时，我们可以先将模型保存起来，然后对模型进行迁移，示例如下：

【程序 3.18】sk_save_model.py

```python
from sklearn import svm
from sklearn import datasets
#引入和训练数据
iris=datasets.load_iris()
X,y=iris.data,iris.target
clf=svm.SVC()
clf.fit(X,y)
#引入sklearn中自带的保存模块
from sklearn.externals import joblib
#保存模型
joblib.dump(clf,'sklearn_save/clf.pkl')
#重新加载模型，只有保存一次后才能加载模型
clf3=joblib.load('sklearn_save/clf.pkl')
print(clf3.predict(X[0:1]))
#保存模型，以便能够更快地获得以前的结果
```

3.5　本　章　小　结

Python使用简单、易读易写，是目前运用最广泛的机器学习编程语言之一。本章介绍了Python常用的机器学习库NumPy、Pandas、Matplotlib和sklearn的安装和使用，并用示例加以演示。通过本章的学习，读者能快速掌握Python机器学习的数据处理库，极大地提高编程过程中处理海量数据的速度与效率。

第 **4** 章

线性回归及应用

线性回归是一种回归分析方法，它利用被称为线性回归方程的函数对一个或多个自变量和因变量之间的关系进行建模。只有一个自变量的情况称为简单回归，大于一个自变量的情况称为多元回归。在实际情况中，大多数都是多元回归。

线性回归是一种能够较为准确预测具体数据的回归方法，它通过给定的一系列训练数据，在预测算法的帮助下预测未知的数据。

本章将介绍线性回归的基本理论与算法的实战应用，并讲解梯度下降优化算法以及为了防止过拟合而进行的正则化处理，这些也是回归算法的核心。

本章主要知识点：

❖ 线性回归算法理论
❖ 随机梯度下降算法详解
❖ 过拟合和正则化方法
❖ 线性回归实战

4.1 线性回归算法理论

我们将机器学习算法定义为，通过经验以提高计算机程序在某些任务上的性能的算法。这个定义有点抽象，为了使这个定义更具体点，我们展示一个简单的机器学习示例——线性回归（Linear Regression）。当介绍更多有助于理解机器学习特性的概念时，会反复回顾这个示例。

顾名思义，线性回归解决回归问题。换言之，我们的目标是建立一个系统，将向量 $x \in R^n$ 作为输入，预测标量 $y \in R$ 作为输出，线性回归的输出是其输入的线性函数。令 $\hat{y}$ 表示模型预测 y 应该取的值，定义输出为：

$$\hat{y} = w^\mathsf{T} x$$

其中，$w \in R^n$ 是参数向量。

参数是控制系统行为的值。在这种情况下，w_i是系数，和特征x_i相乘之后全部相加起来。我们可以将w看作一组决定每个特征如何影响预测的权重（Weight）。如果特征x_i对应的权重w_i是正的，那么特征的值增加，预测值$\hat{y}$也会增加。如果特征x_i对应的权重w_i是负的，那么特征的值增加，预测值$\hat{y}$会减少。如果特征权重的值很大，那么它对预测有很大的影响；如果特征权重的值是0，那么它对预测没有影响。因此，我们可以定义任务T：通过输出$\hat{y} = w^{\mathrm{T}} x$ 来预测y。

接下来需要定义性能度量指标P。

假设有m个输入样本组成的设计矩阵，我们不用它来训练模型，而是用来评估模型性能。还有每个样本对应的正确值y组成的回归目标向量。因为这个数据集只是用来评估性能，所以称之为测试集。我们将输入的设计矩阵记作$X^{(test)}$，回归目标向量记作$y^{(test)}$。

度量模型性能的一种方法是计算模型在测试集上的均方误差（Mean Squared Error，MSE）。如果 $\hat{y}^{(test)}$ 表示模型在测试集上的预测值，那么均方误差表示为：

$$\mathrm{MSE}_{test} = \frac{1}{m} \sum_i (\hat{y}^{(test)} - y^{(test)})_i^2$$

直观上，当$\hat{y}^{(test)} = y^{(test)}$时，我们会发现误差降为0。我们也可以看到：

$$\mathrm{MSE}_{test} = \frac{1}{m} \| \hat{y}^{(test)} - y^{(test)} \|_2^2$$

所以当预测值和目标值之间的欧几里得距离增加时，误差也会增加。

为了构建一个机器学习算法，我们需要设计一个算法，通过观察训练集（$X^{(train)}$, $y^{(train)}$）获得经验，减少MSE_{test}，以改进权重w。一种直观方式是最小化训练集上的均方误差，即MSE_{train}。我们可以简单地求解MSE_{train}导数为0的情况：

$$\nabla_w \mathrm{MSE}_{train} = 0$$
$$\Rightarrow \nabla_w \frac{1}{m} \| \hat{y}^{(train)} - y^{(train)} \|_2^2 = 0$$
$$\Rightarrow \frac{1}{m} \nabla_w \| \hat{y}^{(train)} - y^{(train)} \|_2^2 = 0$$
$$\Rightarrow \nabla_w (X^{(train)} w - y^{(train)})^{\mathrm{T}} \left(X^{(train)} w - y^{(train)} \right) = 0$$
$$\Rightarrow \nabla_w \left(w^{\mathrm{T}} X^{(train)\mathrm{T}} X^{(train)} w - 2 w^{\mathrm{T}} X^{(train)\mathrm{T}} y^{(train)} + y^{(train)\mathrm{T}} y^{(train)} \right) = 0$$
$$\Rightarrow 2 X^{(train)\mathrm{T}} X^{(train)} w - 2 X^{(train)\mathrm{T}} y^{(train)} = 0$$
$$\Rightarrow w = (X^{(train)\mathrm{T}} X^{(train)})^{-1} X^{(train)\mathrm{T}} y^{(train)}$$

通过最后的式子给出解的系统方程被称为正规方程（Normal Equation），它构成了一个简单的机器学习算法。图4-1展示了线性回归算法的使用示例。

其中训练集包括10个数据点，每个数据点包含一个特征。因为只有一个特征，所以权重向量w也只有一个要学习的参数w_1（见图4-1右图）。线性回归学习w_1，从而使得直线$y = w_1 x$能够尽量穿过所有的训练点（见图4-1左图）。标注的点表示由正规方程学习到的w_1的值，它可以最小化训练集上的均方误差。

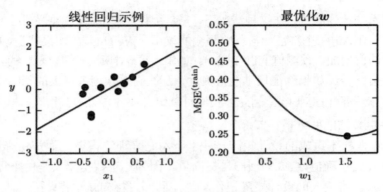

图 4-1　线性回归算法使用示例

值得注意的是，线性回归通常用来指稍微复杂一些的、附加了额外参数（截距项b）的模型。在这个模型中，

$$\hat{y} = w^{\mathrm{T}} x + b$$

因此，从参数到预测的映射仍是一个线性函数，而从特征到预测的映射是一个仿射函数。如此扩展到仿射函数，意味着模型预测的曲线仍然看起来像是一条直线，只是这条直线没必要经过原点。除了通过添加偏置参数b之外，我们还可以使用仅含权重的模型，但是x需要增加一项永远为1的元素，这额外1的权重起到了偏置参数的作用。当我们提到仿射函数时，会经常使用术语"线性"。

截距项b通常被称为仿射变换的偏置（Bias）参数。这个术语的命名源自该变换的输出在没有任何输入时会偏移b。它和统计偏差中指代统计估计算法的某个量的期望估计偏离真实值的意思是不一样的。

线性回归虽然是一个极其简单且有局限的学习算法，但是它提供了一个说明学习算法如何工作的例子。在4.5节"线性回归实战"中，将会介绍一些设计学习算法的基本原则，并说明如何使用这些原则来构建更复杂的学习算法。

4.2　回归算法的评价指标

评价回归算法的指标一般有均方误差、均方根误差（RMSE）、平均绝对比例误差（MAPE）等。均方根误差是均方误差的算术平方根，而均方误差指的是目标预测值与实际值之差的平方的期望值，其计算公式如下：

$$\mathrm{MSE} = \frac{1}{N} \sum_{i=1}^{N} (y_i - p_i)^2$$

其中，y_i指的是真实值，p_i指的是预测值。

均方根误差是对 MSE 取平方根，它能够更好地描述预测结果与真实值的偏离程度，其单位与数据集单位一致。该值越低，模型越稳定。

为了验证预测模型的精确度和拟合效果，一般采用MAPE作为评价指标。MAPE反映了所有样本的误差绝对值占实际值的比例，该指标越接近0，得到的模型越准确。MAPE的计算公式如下：

$$\text{MAPE} = \frac{1}{N} \sum_{i=1}^{N} \frac{|y_i - \hat{y}_i|}{|y_i|}$$

其中，y_i指的是真实值，$\hat{y}_i$指的是预测值。

4.3 梯度下降算法

梯度下降法是一个一阶最优化算法，通常也被称为最陡下降法。要使用梯度下降法找到一个函数的局部极小值，必须向函数上当前点对应梯度（或者是近似梯度）的反方向的规定步长距离点进行迭代搜索。如果相反地向梯度正方向进行迭代搜索，则会接近函数的局部极大值点，这个过程则被称为梯度上升法。

机器学习中回归算法的种类很多，例如神经网络回归算法、蚁群回归算法、支持向量机回归算法等，这些都可以在一定程度上达成回归拟合的目的。

随机梯度下降算法通过不停地判断和选择当前目标下的最优路径，从而在最短路径下达到最优的结果，继而提高大数据的计算效率。

4.3.1 算法理解

在介绍随机梯度下降算法之前，给大家讲一个下山的故事。如图4-2所示，这是一个模拟随机梯度下降算法的演示图。为了便于理解，把它比喻成朋友想要出去游玩的一座山。

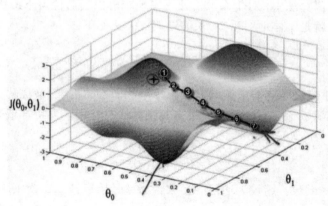

图 4-2 模拟随机梯度下降算法的演示图

设想你和朋友一起到一座不太熟悉的山上去玩，在兴趣盎然中很快登上了山顶。但是天有不测，下起了雨。如果这时需要你和朋友以最快的速度下山，那该怎么办呢？

想以最快的速度下山，最好的办法就是顺着坡度最陡峭的地方走下去。但是由于不熟悉路，在下山的过程中每走过一段路程都需要停下来观望，从而选择最陡峭的下山路线。这样一路走下来，才可以在最短时间内走到山脚。

这个最短的路线从图上可以近似地表示为：

$$①→②→③→④→⑤→⑥→⑦$$

每个数字代表每次停顿的地点，这样只需要在每个停顿的地点上选择最陡峭的下山路线即可。

随机梯度下降算法和这个类似，如果想要使用最迅捷的下山方法，那么最简单的办法就是在下降一个梯度的阶层后，寻找一个当前获得的最大坡度继续下降。这就是随机梯度算法的基本原理。随机梯度下降是梯度下降的一种变形形式，是一种简单但非常有效的方法，多用于支持向量机、逻辑回归等凸损失函数下的线性分类器的学习，并且已成功应用于文本分类和自然语言处理中经常遇到的大规模和稀疏机器学习问题。SGD既可以用于分类计算，也可以用于回归计算。

同时，还要注意标准梯度下降与随机梯度下降之间的区别。标准梯度下降在更新权重之前会计算所有样本的平均梯度，而随机梯度下降则在每个训练样本上单独进行权重更新。因为标准梯度下降计算得到的是精确梯度，所以其更新步伐相对稳重；而随机梯度下降使用的是基于单个样本的近似梯度，因此其更新步伐可能需要更加谨慎。

随机梯度下降算法的优点是计算速度快，缺点是收敛性能不好。

4.3.2　SGD算法理论

随机梯度下降算法就是不停地寻找某个节点中下降幅度最大的那个趋势，并进行迭代计算，直到将数据收缩到符合要求的范围为止。用数学公式表示如下：

$$f(\theta) = \theta_0 x_0 + \theta_1 x_1 + \cdots + \theta_n x_n = \sum \theta_i x_i$$

在随机梯度下降算法中，对于系数需要不停地求解出当前位置下最优化的数据。这句话用数学方式来表达，就是不停地对系数θ求偏导数，公式如下：

$$\frac{\partial}{\partial \theta} f(\theta) = \frac{\partial}{\partial \theta} \frac{1}{2} \sum 2(f(\theta) - y_i) = (f(\theta) - y)x_i$$

公式中θ会向着梯度下降得最快的方向减少，从而推断出θ的最优解。

因此，可以说随机梯度下降算法最终被归结为通过迭代计算特征值来求出最合适的值。θ求解的公式如下：

$$\theta = \theta - a(f(\theta) - y_i)x_i$$

公式中α是下降系数，用较为通俗的话来说，就是用以计算每次下降的幅度大小。系数越大，则每次计算中的差值越大；系数越小，则差值越小，但是计算时间相对延长。

每次更新时，随机梯度下降使用1个（batch_size=1的情况）样本，通过随机采用样本中的一个例子近似所有的样本来调整θ，因而会带来一定的问题，因为计算得到的并不是准确的梯度。对于最优化问题、凸问题，虽然不是每次迭代得到的损失函数都向着全局最优方向，但是整体方向是向着全局最优解的，最终的结果往往是在全局最优解附近。

4.4 过 拟 合

过拟合（overfitting，或称拟合过度）是指过于紧密或精确地匹配特定数据集，以至于无法良好地拟合其他数据或预测未来的观察结果的现象。过拟合模型指的是相较于有限的数据而言，参数过多或者结构过于复杂的统计模型。发生过拟合时，模型的偏差小而方差大。过拟合的本质是训练算法从统计噪声中不自觉地获取了信息，并表达在模型结构的参数当中。有计算就有误差，误差并不可怕，我们需要思考的是采用何种方法消除误差。

在回归分析的计算过程中，由于特定分析数据（一般指训练集）和算法选择的原因，结果会对分析数据（一般指训练集）产生非常强烈的拟合效果；对于测试数据，则表现得不理想。这种效果称为过拟合。本节将分析过拟合产生的原因，并给出一个处理手段供读者参考。

4.4.1 过拟合产生的原因

随着数据量的增加，拟合的系数在达到一定值后会发生较大幅度的偏转。因为机器学习回归会产生过拟合现象。对于过拟合，可以参见图4-3。

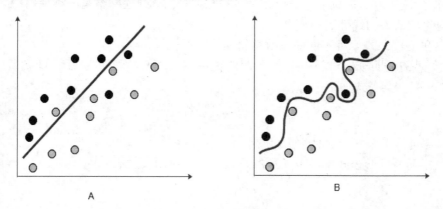

图 4-3　拟合与过拟合

从图4-3中的A图和B图的对比来看，如果测试数据过于侧重某些具体点，就会对整体的曲线形成造成很大的影响，从而影响到待测数据的测试精准度。这种对测试数据过于接近而对实际数据拟合程度不够的现象称为过拟合。解决过拟合的办法就是对数据进行处理，而处理过程被称为回归的正则化。正则化的目的是防止过拟合，本质是约束（限制）要优化的参数。

正则化使用较多的有两种方法：Lasso回归（L1回归）和岭回归（Ridge Regression，L2回归），其目的是通过对最小二乘估计加入处罚约束，使某些系数的估计为0。

从图 4-3 中的 A 图和 B 图的回归曲线上看，A 和 B 的差异较多地集中在回归系数的选取上。这里可以近似地将 A 假设为如下公式：

$$f(A) = \theta_0 + \theta_1 x_1 + \theta_2 x_2$$

B可以近似地表示为：

$$f(B) = \theta_0 + \theta_1 x_1 + \theta_2 x_2 + \theta_3 x_3^2 + \theta_4 x_4^3 = f(A) + \theta_3 x_3^2 + \theta_4 x_4^3$$

从A的公式和B的公式的比较来看，B的公式增加了系数，因此可以通过增加的系数来消除过拟合。更加直观的理解就是，防止通过拟合算法最后计算出的回归公式比较大程度地响应和依赖某些特定的特征值，从而影响回归曲线的准确率。

4.4.2　常见线性回归正则化方法

岭回归、Lasso回归和弹性网络回归（Elastic Net Regression，Lasso回归和Ridge回归技术的混合体）是常见的线性回归正则化方法。由前面对过拟合产生的原因分析来看，如果能够消除拟合公式中多余的拟合系数，那么产生的曲线就可以较好地对数据进行拟合处理。因此，可以认为，要消除拟合公式的过拟合，最直接的办法就是去除多余的公式，通常数学公式表达如下：

$$f(B') = f(B) + J(\theta)$$

从公式可以看到，$f(B')$ 是 $f(B)$ 的变形形式，通过增加一个新的系数公式 $J(\theta)$ 来使原始数据公式获得正则化表达。这里 $J(\theta)$ 又称为损失函数，通过回归拟合曲线的范数L1和L2与步长值α相乘得到，其中L1是拉普拉斯分布、L2是高斯分布。弹性网络是一种使用L1、L2范数作为先验正则化项训练的线性回归模型。

范数L1和范数L2是两种不同的系数惩罚项。

L1范数指的是回归公式中各个元素的绝对值之和，又称为稀疏规则算子（Lasso Regularization）。其公式如下：

$$J(\theta) = a \times \|x\|$$

即可以通过这个公式计算使得f(B')最小化。

L2范数指的是回归公式中各个元素的平方和，可以用公式表示为：

$$J(\theta) = a \sum x^2$$

和L2范数相比较，L1能够在步长系数α为一定值的情况下将回归曲线的某些特定系数修正为0。L2回归因为其计算平方的处理方法，从而使得回归曲线获得较高的计算精度。

机器学习中使用了弹性网络回归。弹性网络回归综合了L1正则化项和L2正则化项，也就是稀疏规则算子回归和岭回归的组合，可以用公式表示为：

$$J(\theta) = \frac{1}{2} \sum_i^m (y^{(i)} - \theta^{\mathrm{T}} x^{(i)})^2 + \lambda (\rho \sum_j^n |\theta_j| + (1-\rho) \sum_j^n \theta_j^2)$$

弹性网络回归将Lasso和Ridge组成一个具有两种惩罚因素的单一模型：一个与L1范数成比例，另外一个与L2范数成比例。使用这种方法所得到的模型就像纯粹的Lasso回归一样稀疏，但同时具有与岭回归提供的一样的正则化能力。当Lasso回归太过（太多特征被稀疏为0），而岭回归正则化不够（回归系数衰减太慢）的时候，可以考虑使用弹性网络回归来综合，以便得到比较好的结果。

4.5　线性回归实战

本节通过一个实战案例来演示线性回归的使用。

4.5.1　波士顿房价预测

波士顿房价数据集统计的是20世纪70年代中期波士顿郊区房价的中位数,统计了城镇人均犯罪率、不动产税等13个指标,并统计出房价,试图找到那些指标与房价的关系。数据集中一共有506个样本,每个样本包含13个特征信息和实际房价。波士顿房价预测问题的目标是根据给定的某地区的特征信息,预测该地区房价,这是典型的回归问题(房价是一个连续值)。波士顿房价数据集中主要的指标名称及其含义如表4-1所示。

表4-1　波士顿房价数据集中主要的指标名称及其含义

标　签	含　义	标　签	含　义	标　签	含　义
CRIM	城镇人均犯罪率	RM	平均房间数	PTRATIO	城镇中师生比例
ZN	住宅用地比例	AGE	1940年前建成的自有单位比例	B	城镇中黑人比例
INDUS	城镇非商业用地所占比例	DIS	到5个波士顿就业中心的加权距离	TAX	不动产税
CHAS	Charles River虚拟变量	RAD	距离高速公路的便利指数		
NOX	一氧化氮浓度	LSTAT	地位较低的人所占百分比		

机器学习库sklearn中自带了波士顿房价数据集,可在代码中直接加载。房价预测可采用线性回归算法。

以下分别采用正规方程和梯度下降两种方法来解决线性回归问题。正规方程和梯度下降的区别如表4-2所示。

表4-2　正规方程和梯度下降的区别

正规方程	梯度下降
需要选择学习率	不需要这样学习率
需要多次迭代	一次计算得出
特征数据量大的时候能较好适用	特征数据量大则运算代价大
适用于各种类型的数据样本	只适用于线性模型,不适合逻辑回归模型
适用于大规模数据	适用于小规模数据,否则会过拟合

对应的线性回归示例代码如【程序4.1】所示。

【程序 4.1】LinearRegression.py

```python
# -*- coding: utf-8 -*-
from sklearn.linear_model import LinearRegression, SGDRegressor
from sklearn.preprocessing import StandardScaler
from sklearn.model_selection import train_test_split
from sklearn.metrics import mean_squared_error
import pandas as pd
import numpy as np

###引入数据###
data_url = "http://lib.stat.cmu.edu/datasets/boston"
raw_df = pd.read_csv(data_url, sep="\s+", skiprows=22, header=None)
data = np.hstack([raw_df.values[::2, :], raw_df.values[1::2, :2]])
target = raw_df.values[1::2, 2]

# 训练集，测试集拆分
X_train, X_test, y_train, y_test = train_test_split(
    boston.data, boston.target, test_size=0.25)

# 数据标准化处理
# 特征值 标准化
std_x = StandardScaler()
X_train = std_x.fit_transform(X_train)
X_test = std_x.transform(X_test)

# 目标值 标准化
std_y = StandardScaler()
y_train = std_y.fit_transform(y_train.reshape(-1, 1))
y_test = std_y.transform(y_test.reshape(-1, 1))

# 正规方程 线性回归预测
lr = LinearRegression()
lr.fit(X_train, y_train)
print(lr.coef_)
y_lr_predict = std_y.inverse_transform(lr.predict(X_test))
print(y_lr_predict)

# 梯度下降 线性回归预测
sgd = SGDRegressor()
sgd.fit(X_train, y_train)
print(sgd.coef_)
y_sgd_predict = std_y.inverse_transform(sgd.predict(X_test))
print(y_sgd_predict)

# 性能评估 均方误差
lr_mse = mean_squared_error(std_y.inverse_transform(y_test), y_lr_predict)
sgd_mse = mean_squared_error(std_y.inverse_transform(y_test), y_sgd_predict)
print(lr_mse)   # 28.97
print(sgd_mse)  # 31.36
```

其中，LinearRegression、SGDRegressor为sklearn库中的两个模型算法，分别对相同的数据集进行训练；mean_squared_error是均方误差，能够反映预测的准确率。通过sklearn中的train_test_split函数，将数据集随机拆分成训练集与测试集。train_test_split()方法的参数包括：

- train_size: 训练集比例。
- test_size: 测试集比例。
- random_size: 乱序程度。

4.5.2 加入正则化项

训练数据量不够大的情况下，学习器很容易把特有的一些特征当作整个样本空间的一般性质进行学习，这就会出现过拟合的现象，线性回归模型也不例外。对于过拟合，在模型层面上，我们一般会在模型中加入正则化项来优化模型，正则化项一般分为两种：L1正则和L2正则。线性回归的L1正则称为Lasso回归，Lasso回归和标准线性回归模型的区别是在损失函数上增加了一个L1正则化项。线性回归的L2正则称为Ridge回归（岭回归），它与标准线性回归模型的区别是在损失函数上增加了一个L2正则化项。

标准线性回归、Ridge回归、Lasso回归都在sklearn.linear_model模块中。Ridge和Lasso回归是在标准线性回归函数中加入正则化项，以降低过拟合现象。

Ridge回归算法的示例如下：

【程序 4.2】Ridge.py

```
from sklearn.model_selection import train_test_split # 引入数据集拆分函数
from sklearn.linear_model import Ridge # 引入Ridge模型
import pandas as pd
import numpy as np

###引入数据###
data_url = "http://lib.stat.cmu.edu/datasets/boston"
raw_df = pd.read_csv(data_url, sep="\s+", skiprows=22, header=None)
data = np.hstack([raw_df.values[::2, :], raw_df.values[1::2, :2]])
target = raw_df.values[1::2, 2]

# 拆分数据集
X_train, X_test, y_train, y_test = train_test_split(boston.data, boston.target,
                                    test_size=0.25, random_state=66)
# 构建模型
model = Ridge(alpha=10).fit(X_train, y_train)

# 评估模型
train_score = model.score(X_train, y_train)
test_score = model.score(X_test, y_test)

print('train score:{:.2f}'.format(train_score), '\ntest
score:{:.2f}'.format(test_score))
```

运行结果为：

```
train score:0.70
test  score:0.81
```

sklearn中，模型的评估使用score方法，第一个参数为输入特征数据，第二个参数为标签（即实际房价）。本任务没有对数据进行预处理，经过预处理后，模型的准确性还会有所提高。

4.6　本　章　小　结

本章介绍了线性回归算法及机器学习算法的相关常识，如评价指标、梯度下降算法、正则化方法等。其中，梯度下降算法对机器学习尤为重要。实际上，机器学习的大多数算法，都是在使用迭代的情况下最大限度地逼近近似值，这也是学习算法的基础。

对于线性回归过程中产生的系数过拟合现象，本章介绍了常用的解决方法，即系数的正则化。一般情况下正则化有两种，分别是L1回归和L2回归，它们的原理都是在回归拟合公式后添加相应的拟合系数来消除产生过拟合的数据。这种做法也是机器学习中常用的过拟合处理手段。

本章最后进行了线性回归算法的应用实战，对本章所学的知识进行串联和巩固。

第 **5** 章
分类算法及应用

分类算法是机器学习的重点，它属于监督式学习，使用已知类标签的样本来建立分类函数或分类模型。应用分类模型，可以把数据集中的未知类标签的数据进行归类。分类在数据挖掘和机器学习中是一项重要的任务，目前在商业上应用最多，常见的典型应用场景有流失预测、精确营销、客户获取、个性偏好等。分类算法主要包括逻辑回归、支持向量机、朴素贝叶斯和决策树。

本章主要知识点：

❖ 逻辑回归

❖ 支持向量机

❖ 朴素贝叶斯

❖ 决策树

5.1 逻辑回归理论与应用

本节先来介绍逻辑回归的相关理论与应用。

5.1.1 算法理论知识

逻辑回归（Logistic Regression，LR）虽然名字叫回归，但却是一种分类学习方法。使用场景大概有两个：一个是用来预测，另一个是寻找因变量的影响因素。逻辑回归又称为逻辑回归分析，是分类和预测算法中的一种。它通过历史数据的表现，对未来结果发生的概率进行预测。例如，我们可以将购买的概率设置为因变量，将用户的特征属性（例如性别、年龄、注册时间等）设置为自变量，根据特征属性预测购买的概率。逻辑回归与回归分析有很多相似之处，在开始介绍逻辑回归之前，我们先来看一下回归分析。

回归分析用来描述自变量X和因变量Y之间的关系，或者说自变量X对因变量Y的影响程度，并对因变量Y进行预测。其中，因变量是我们希望获得的结果，自变量是影响结果的潜在因素，自变量可以有一个，也可以有多个。一个自变量的回归分析叫作一元回归分析，超过一个自变量的回归分析叫作多元回归分析。

逻辑回归实际上就是对已有数据进行分析，从而判断其结果可能是多少，它可以通过数学公式来表达。

假设已有样本数据集如下：

```
1|2
1|3
1|4
1|5
1|6
0|7
0|8
0|9
0|10
0|11
```

这里分隔符用以标示分类结果和数据组。如果使用传统的(x,y)值的形式标示，那么 y 为 0 或者 1，x 为数据集中数据的特征向量。

逻辑回归的具体公式如下：

$$f(x) = \frac{1}{1 + \exp(-\theta^{\mathrm{T}} x)}$$

与线性回归相同，这里的 θ 是逻辑回归的参数，即回归系数。如果进一步变形，使它变成能够反映二元分类问题的公式，则公式为：

$$f(y = 1 \mid x, \theta) = \frac{1}{1 + \exp(-\theta^{\mathrm{T}} x)}$$

这里 y 值是由已有的数据集中的数据和 θ 共同决定的。实际上这个公式求的是在满足一定条件下最终取值的对数概率，即由数据集的可能性比值的对数变换得到，用公式表示为：

$$\log(x) = \ln\left(\frac{f(y = 1 \mid x, \theta)}{f(y = 0 \mid x, \theta)} \right) = \theta_0 + \theta_1 x_1 + \theta_2 x_2 + \cdots + \theta_n x_n$$

通过这个逻辑回归倒推公式，最终逻辑回归的计算可以转换成由数据集的特征向量与系数 θ 共同完成，然后求得其加权和作为最终的判断结果。

最终逻辑回归问题又称为对系数 θ 的求值问题。在讲解线性回归算法求最优化 θ 值的时候，我们介绍过通过随机梯度算法能够较为准确和方便地求得其最优值，请读者复习一下。

5.1.2　逻辑回归算法实战

1. 本实战案例需求

在熟悉逻辑回归算法原理的基础上，我们进行逻辑回归算法的实践，建立一个逻辑回归模型来预测求职者是否被公司录用。假设现在有一个负责招聘的人，他根据两次笔试的结果来决定每个求职人员是否被录取。将之前所有人的笔试成绩的历史数据用作逻辑回归的训练集。每个训练例子包含3个数据：两个笔试成绩和1个录用决定。因此，需要建立一个分类模型，根据笔试成绩估计求职者被录用的概率。

2. 实验步骤

1）查看分析数据

首先要观察数据的特性。如图5-1所示，一行有5个数据，前两个数据对应的是两次笔试的成绩；最后的1、0对应的是录用和未被录用；而中间的两个数据在此次的实验中是无用数据。我们只需要提取前两列数据和最后一列的数据，用于模型的训练。

```
34. 62365962451697, 78. 0246928153624, 030. 28671076822607, 43. 89499752400101, 0
35. 84740876993872, 72. 90219802708364, 060. 18259938620976, 86. 30855209546826, 1
79. 0327360507101, 75. 3443764369103, 145. 08327747668339, 56. 3163717815305, 0
61. 10666453684766, 96. 51142588489624, 175. 02474556738889, 46. 55401354116538, 1
76. 09878670226257, 87. 42056971926803, 184. 43281996120035, 43. 53339331072109, 1
95. 86155507093572, 38. 22527805795094, 075. 01365838958247, 30. 60326323428011, 0
82. 30705337399482, 76. 48196330235604, 169. 36458875970939, 97. 71869196188608, 1
39. 53833914367223, 76. 03681085115882, 053. 9710521485623, 89. 20735013750205, 1
69. 07014406283025, 52. 74046973016765, 167. 94685547711617, 46. 67857410673128, 0
70. 66150955499435, 92. 92713789364831, 176. 97878372747498, 47. 57596364975532, 1
67. 37202754570876, 42. 83843832029179, 089. 67677575072079, 65. 79936592745237, 1
50. 534788289883, 48. 85581152764205, 034. 21206097786789, 44. 20952859866288, 0
77. 9240914545704, 68. 9723599933059, 162. 27101367004632, 69. 95445795447587, 1
80. 1901807509566, 44. 82162893218353, 193. 114388797442, 38. 80067033713209, 0
61. 83020602312595, 50. 25610789244621, 038. 78580379679423, 64. 99568095539578, 0
61. 379289447425, 72. 80788731317097, 185. 40451939411645, 57. 05198397627122, 1
52. 10797973193984, 63. 12762376881715, 052. 04540476831827, 69. 43286012045222, 1
40. 23689373545111, 71. 16774802184875, 054. 63510555424817, 52. 21388588061123, 0
33. 91550010906887, 98. 86943574220611, 064. 17698887494485, 80. 90806058670817, 1
74. 78925295941542, 41. 57341522824434, 034. 1836400264419, 75. 2377203360134, 0
83. 90239366249155, 56. 30804621605327, 151. 54772026906181, 46. 85629026349976, 0
94. 44336776917852, 65. 56892160559052, 182. 36875375713919, 40. 61825515970618, 0
51. 04775177128865, 45. 82270145776001, 062. 22267576120188, 52. 06099194836679, 0
77. 19303492601364, 70. 45820000180959, 197. 77159928000232, 86. 7278223300282, 1
62. 07306379667647, 96. 76882412413983, 191. 56497449807442, 88. 69629254546599, 1
79. 94481794066932, 74. 16311935043758, 199. 2725269292572, 60. 99903099844988, 1
90. 54671411399852, 43. 39060180650027, 134. 52451385320009, 60. 39634245837173, 0
50. 2864961189907, 49. 80453881323059, 049. 58667721632031, 59. 80895099453265, 0
97. 64563396007767, 68. 86157272420604, 132. 57720016809309, 95. 59854761387875, 0
74. 24869136721598, 69. 82457122657193, 171. 79646205863379, 78. 45356224515052, 1
75. 3956114656803, 85. 75993667331619, 135. 28611281526193, 47. 02051394723416, 0
```

图 5-1　数据内容

2）数据简单处理

数据处理的示例代码如下：

```
import numpy as np
import pandas as pd
import matplotlib.pyplot as plt
%matplotlib inline
```

导入本次实验所需要的NumPy、Pandas、Matplotlib库，并导入数据，提取前两列和最后一列数据并且指定新的列名。代码如下：

```
import os
path = 'LogiReg.txt'
pdData = pd.read_csv(path,header=None,names = ['Exam 1','Exam 2','Admitted'])
pdData.head()
```

运行结果如图5-2所示。

	Exam 1	Exam 2	Admitted
0	34.623660	78.024693	0
1	30.286711	43.894998	0
2	35.847409	72.902198	0
3	60.182599	86.308552	1
4	79.032736	75.344376	1

图 5-2　数据处理结果

查看提取后的数据散点分布情况，使用是否录用作为区分，横轴、竖轴分别对应两次笔试的成绩，代码如下：

```
positive = pdData[pdData['Admitted'] == 1 ]
negative = pdData[pdData['Admitted'] == 0 ]
fig,ax = plt.subplots(figsize=(10,5))
ax.scatter(positive['Exam 1'],positive["Exam 2"],s=30,c='b',marker='o',
label="Admitted")
ax.scatter(negative['Exam 1'],negative["Exam 2"],s=30,c='r',marker='x',
label="Admitted")
ax.legend()
ax.set_xlabel("Exam 1 Score")
ax.set_xlabel("Exam 2 Score")
```

运行结果如图5-3所示。

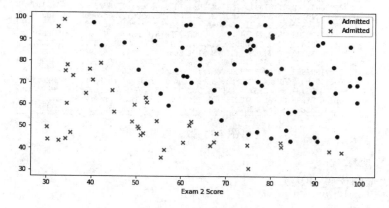

图 5-3　数据分布情况

3）创建Sigmoid函数

通过Sigmoid函数完成数据到概率的映射，公式如下：

$$g(z) = \frac{1}{1 + e^{-z}}$$

创建一个Sigmoid函数，将参数z传入函数中，通过图形展示来查看函数是否创建完成，代码如下：

```
def sigmoid(z):
    return 1/(1+np.exp(-z))
```

```
nums = np.arange(-10,10,step=1)
fig,ax = plt.subplots(figsize=(12,4))
ax.plot(nums,sigmoid(nums),'r')
```

运行结果如图5-4所示。

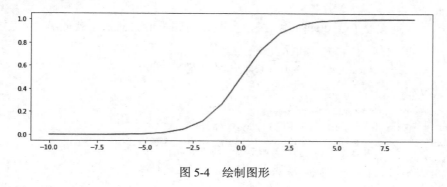

图 5-4　绘制图形

4）模型的建立

在原有的数据中插入一列，数值为1，将原有的数值运算转换为矩阵运算，原理如下面公式所示。

$$(\theta_0 \quad \theta_1 \quad \theta_2) \times \begin{pmatrix} 1 \\ x_1 \\ x_2 \end{pmatrix} = \theta_0 + \theta_0 x_1 + \theta_2 x_2$$

创建模型，输入X（数据）、theta（参数）。通过矩阵乘法将两个参数组合起来，然后将结果值传到Sigmoid函数中。指定添加列Ones，值为1。构造完成后，选取样本进行观察。

```
def model(X,theta):
    return sigmoid(np.dot(X,theta.T))
pdData.insert(0,"Ones",1)
orig_data = pdData.values
cols = orig_data.shape[1]
X = orig_data[:,0:cols-1]
y = orig_data[:,cols-1:cols]
theta = np.zeros([1,3])
```

5）构造损失函数

将对数似然函数去负号，求平均损失。X对应的是数据，y对应的是标签，theta对应的是参数。将似然函数拆分为左、右两个部分，按照公式进行运算。接下来，使用梯度上升求最大值，引入 $J(\theta) = -\dfrac{1}{m} l(\theta)$ 转换为梯度下降任务。公式如下：

$$D(h_0(x), y) = -y \log(h_0(x)) - (1-y)\log(1-h_0(x))$$

$$J_{(\theta)} = \frac{1}{n} \sum_{i=1}^{n} D(h_0(x_i), y_i)$$

代码如下：

```
def cost(X,y,theta):
    left = np.multiply(-y,np.log(model(X,theta)))
```

```
    right = np.multiply(1 - y ,np.log(1-model(X,theta)))
    return np.sum(left - right)/(len(X))
```

最终cost(X,y,theta)的输出结果为：0.6931471805599453。

6）计算梯度

对J求偏导，定义一个gradient，包含3个参数，对照下面公式进行代码编写：

$$\frac{\partial J}{\partial \theta_j} = -\frac{1}{m}\sum_{i=-1}^{n}(y_i - h_0(x_i))x_{ij}$$

```
def gradient(X, y, theta):
    grad = np.zeros(theta.shape)
    error = (model(X, theta)- y).ravel()
    for j in range(len(theta.ravel())): #对于每个参数
        term = np.multiply(error, X[:,j])
        grad[0, j] = np.sum(term) / len(X)

    return grad
```

7）不同的迭代方式比较

接下来进行3种不同梯度下降方法的比较。STOP_ITER根据迭代次数来停止迭代；STOP_COST根据损失值目标函数的变化来决定是否停止迭代，如果变化很小，则可以停止；STOP_GRAD根据梯度的变化来决定是否停止迭代，如果梯度几乎没有变化，则可以停止。代码如下：

```
STOP_ITER = 0
STOP_COST = 1
STOP_GRAD = 2
def stopCriterion(type, value, threshold):
    if type == STOP_ITER:
        return value > threshold
    elif type == STOP_COST:
        return abs(value[-1]-value[-2]) < threshold
    elif type == STOP_GRAD:
        return np.linalg.norm(value) < threshold
```

对数据进行乱序处理，重新制定X、y的标签，这可以通过NumPy中的random模块实现，代码如下：

```
import numpy.random
#洗牌
def shuffleData(data):
    np.random.shuffle(data)
    cols = data.shape[1]
    X = data[:, 0:cols-1]
    y = data[:, cols-1:]
    return X, y
```

接着为了显示方便，定义一个功能型函数runExpe，传入6个参数，data对应数据；theta对应参数；batchSize若指定为1，就是随机梯度下降，若指定为总的样本数，就是批量梯度下降，若指定为1到总体之间，就是小批量梯度下降；stopType对应停止策略；thresh为策略对应的阈值；alpha为学习率。先对指定的参数进行初始化，再进行计算；求出梯度后，进行梯度下降，对原有的参数进行更新；参数更新后，计算新的损失。通过循环判断是否停止迭代，代码如下：

```
def runExpe(data, theta, batchSize, stopType, thresh, alpha):
    #import pdb; pdb.set_trace();
    theta, iter, costs, grad, dur = descent(data, theta, batchSize, stopType, thresh,
alpha)
    name = "Original" if (data[:,1]>2).sum() > 1 else "Scaled"
    name += " data - learning rate: {} - ".format(alpha)
    if batchSize==n: strDescType = "Gradient"
    elif batchSize==1:  strDescType = "Stochastic"
    else: strDescType = "Mini-batch ({})".format(batchSize)
    name += strDescType + " descent - Stop: "
    if stopType == STOP_ITER: strStop = "{} iterations".format(thresh)
    elif stopType == STOP_COST: strStop = "costs change < {}".format(thresh)
    else: strStop = "gradient norm < {}".format(thresh)
    name += strStop
    print ("***{}\nTheta: {} - Iter: {} - Last cost: {:03.2f} - Duration:
{:03.2f}s".format( name, theta, iter, costs[-1], dur))
    fig, ax = plt.subplots(figsize=(12,4))
    ax.plot(np.arange(len(costs)), costs, 'r')
    ax.set_xlabel('Iterations')
    ax.set_ylabel('Cost')
    ax.set_title(name.upper() + ' - Error vs. Iteration')
    return theta
```

指定n值为100，基于所有的样本进行梯度下降；指定迭代次数为5000：

```
n = 100
runExpe(orig_data,theta,n,STOP_ITER,thresh=5000,alpha=0.000001)
```

运行结果如图5-5所示。随着迭代次数的增多，Cost逼近于0.63。

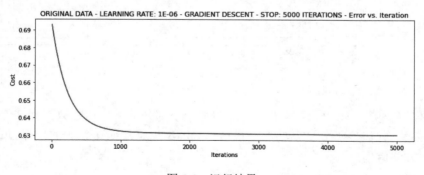

图 5-5　运行结果

根据损失函数来判断是否停止迭代。如果两次更新之间小于0.000001，则停止迭代。代码如下：

```
runExpe(orig_data,theta,n,STOP_COST,thresh=0.000001,alpha=0.001)
```

运行结果如图5-6所示，显示迭代次数接近11万次，结果更加精确。

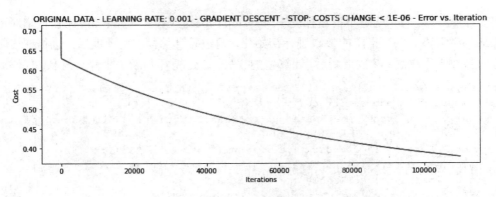

图 5-6　运行结果

8）不同梯度下降方法的比较

随机梯度下降方法，每次只迭代一个样本，虽然速度快，但结果不确定性高，收敛的结果也不是很好。例如：

```
runExpe(orig_data, theta, 1, STOP_ITER, thresh=15000, alpha=0.000002)
```

结果为：

```
Theta: [[-0.00202398  0.00985463  0.00075138]] - Iter: 15000 - Last cost: 0.63 -
Duration: 0.73s
```

图形化运行结果如图5-7所示。

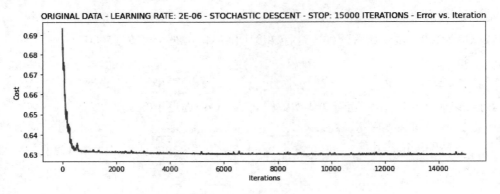

图 5-7　随机梯度下降

小批量梯度下降方法，每次只更新选择的那一小部分数据。通过数据标准化，将数据按照其属性减去其均值，然后除以其方差。最后得到的结果是：对每个属性来说，所有数据都聚集在0附近，方差值为1。

```
from sklearn import preprocessing as pp
scaled_data = orig_data.copy()
scaled_data[:,1:3] = pp.scale(orig_data[:,1:3])
runExpe(scaled_data,theta,n,STOP_ITER,thresh = 5000,alpha=0.001)
```

相对于之前的梯度下降，这次结果较好，如图5-8所示。

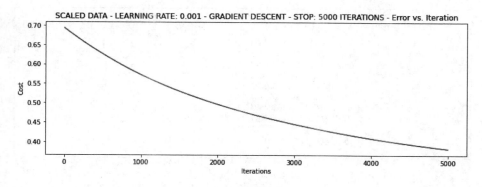

图 5-8 小批量梯度下降

通过调整迭代方法，增加迭代次数，损失值会下降得更多。

```
runExpe(scaled_data, theta, 16, STOP_GRAD, thresh=0.002*2, alpha=0.001)
```

结果如图5-9所示，Cost已经趋近于0.223了。

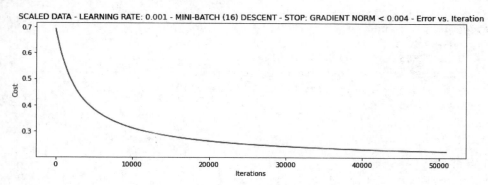

图 5-9 调整迭代方法，增加迭代次数

9）准确率

将逻辑回归得到的概率值转换为类别值，设定阈值为0.5，大于0.5的视其类别为1，其余的则视其类别为0。将预测值与数据的真实值进行对比，最后得到逻辑回归的准确率。

```
#设定阈值
def predict(X, theta):
    return [1 if x >= 0.5 else 0 for x in model(X, theta)]
scaled_X = scaled_data[:, :3]
y = scaled_data[:, 3]
predictions = predict(scaled_X, theta)
correct = [1 if ((a == 1 and b == 1) or (a == 0 and b == 0)) else 0 for (a, b) in
zip(predictions, y)]
accuracy = (sum(map(int, correct)) % len(correct))
print ('accuracy = {0}%'.format(accuracy))
```

结果为：accuracy = 60%。

10）测试输出

将数据中的最后10条数据挑选出来，用作输出测试，如图5-10所示。

```
In [35]: print(pdData.values[-10:])

         [[ 1.          94.09433113 77.15910509  1.          ]
          [ 1.          90.44855097 87.50879176  1.          ]
          [ 1.          55.48216114 35.57070347  0.          ]
          [ 1.          74.49269242 84.84513685  1.          ]
          [ 1.          89.84580671 45.35828361  1.          ]
          [ 1.          83.48916274 48.3802858   1.          ]
          [ 1.          42.26170081 87.10385094  1.          ]
          [ 1.          99.31500881 68.77540947  1.          ]
          [ 1.          55.34001756 64.93193801  1.          ]
          [ 1.          74.775893   89.5298129   1.          ]]
```

图 5-10　输出测试数据

添加一个读取数据的函数，再添加一个测试函数，读入数据后，使用回归系数预测结果，代码如下：

```
def loadDataSet(df):
    dataMat = df.values[:,:3]
    labelMat = df.values[:,3:]
    return dataMat,labelMat
testing_sample = pdData[-10:]
def predict_test():
    A = [1.17355763,2.84433525,2.61890506]
    dataArr,labelMat = loadDataSet(testing_sample)
    h_test = sigmoid(np.mat(dataArr) * np.mat(A).transpose())
    print(h_test)

predict_test()
```

运行结果为：

```
[[1.]
 [1.]
 [1.]
 [1.]
 [1.]
 [1.]
 [1.]
 [1.]
 [1.]
 [1.]]
```

与原始的数据进行对比，仅有一个出错，正确率达到90%，远高于之前的测试结果。

5.2　SVM 理论及应用

本节介绍支持向量机的相关理论及应用。

5.2.1　算法理论知识

支持向量机（SVM）是由Vladimir N. Vapnik和 Alexey Ya. Chervonenkis在1963年提出来的。SVM解决了当时机器学习领域的"维数灾难"和"过学习"等问题。它在机器学习领域可以用于分类和回归。SVM在回归上可以解决股票价格回归等问题，但是应用还是较为局限，大部分情形下SVM会和分类放在一起。

SVM最初是为二值分类问题设计的，可以非常成功地处理回归（时间序列分析）和模式识别（分类问题、判别分析）等诸多问题，并可推广到预测和综合评价等领域。因此，SVM可以应用于理科、工科和管理工程等多种学科。

SVM是一个类分类器，能够将不同种类的样本在样本空间中进行分隔，分隔使用的面叫作分隔超平面。例如对于二维样本，它们分布在二维平面上，此时超平面实际上是一条直线，直线上面是一类，直线下面是另一类。定义超平面为：

$$f(x) = w_0 + w^{\mathrm{T}} x$$

可以想象到，这样的直线可以有很多条，到底哪一条是超平面呢？规定超平面距离两类的最近距离之和最大，因为只有这样才是最优的分类。

假设超平面是 $w_0 + w^{\mathrm{T}} x = 0$，那么经过上面这一类距离超平面最近点的直线是 $w_0 + w^{\mathrm{T}} x = 1$，下面的直线是 $w_0 + w^{\mathrm{T}} x = -1$。其中一类到超平面的距离是：

$$D = \frac{w_0 + w^{\mathrm{T}} x}{\|w\|} = \frac{1}{\|w\|}$$

然后采用拉格朗日函数，经过一系列运算以后，得到：

$$w^{\mathrm{T}} x + b = \sum_{i=1}^{n} a_i y^{(i)} < x^{(i)}, x > + b$$

这也意味着，只用计算新点 x 与训练数据点的内积，就可以对新点进行预测。

下面通过一个例子来帮助理解SVM。三角形和圆形是一个二维平面图中被区分的两个不同类别，其分布如图5-11所示。现在问题来了，想要按一定的模式对它们进行划分，其划分的边界在哪里？

从图5-11中可以看出，a线和b线都是满足划分要求的边界线，它们都可以将三角形和圆形正确划分出来。除此之外，还有无数条直线可以将它们分开。如果要选择一条能够完全反映三角形和圆形的最优化边界，就需要使用支持向量机。

所谓最优化边界，指的是能够最公平划分上下区间的线段。正常理解，如果能够找到一条在a线和b线正中间的那条公平线，就可以将三角形和圆形划分出来，如图5-12所示。

公平线（c线）是由a线和b线共同确定的，即a线和b线给定后，c线就可以确定。此种方法的好处在于，只要a线和b线确定，分类平面就确定了，其中的改变不受任何数据和噪声的影响。

在图5-12中标明了4个点，据此可以确定a线和b线。这4个关键的点在支持向量机中被称为支持向量。只要确定了支持向量，分类平面即可唯一确定，如图5-13所示。

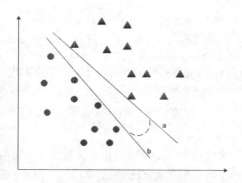

图 5-11　圆形与三角形分类图

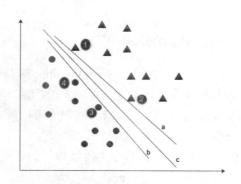

图 5-12　圆形与三角形分类示例

这种通过找到支持向量从而获得分类平面的方法称为支持向量机。支持向量机的目的就是通过划分最优平面使不同的类别分开。

在讲解线性模型的时候，任何一个线性回归模型都可以使用如下公式来表达：

$$f(x) = ax + b$$

其中，a 和 b 分别是公式的系数。若将其推广到线性空间中，则公式如下：

$$f(x) = w^{\mathrm{T}}x + b$$

用图形的形式表示如图5-14所示。

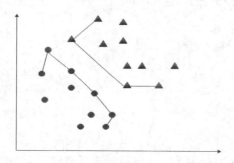

图 5-13　支持向量机分类后的圆形与三角形

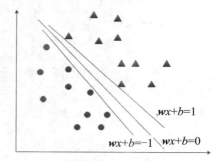

图 5-14　线性分类

这里人为地将图形分成三部分：当$f(x)$=0时，可以认为x是属于分割面上的点；当$f(x)$>0时，可以近似地认为$f(x)$=1，从而将它确定为三角形的分类；当$f(x)$<0时，可以认为$f(x)$=-1，从而将它归为圆形的分类。

通过上述方法，支持向量机模型最终将分类问题转换为一般的代数计算问题。将x的值带入公式计算$f(x)$的值，从而判断x所属的位置。

接下来，问题就转换为求解方程系数，即如何求得公式中w和b的大小，从而确定公式。此类方法和线性回归求极值的方法类似。

5.2.2　SVM算法实战

1. 训练一个基本的SVM

首先导入sklearn，使用datasets中的数据点生成器自定义数据。设置50个样本点、2个区域、随机状态种子，以及离散程度。离散程度越大，数据越分散；离散程序越小，数据越集中。

该步骤代码如下：

```
%matplotlib inline
import numpy as np
import pandas as pd
import matplotlib.pyplot as plt
from scipy import stats
import seaborn as sns
sns.set()
from sklearn.datasets.samples_generator import make_blobs
X, y = make_blobs(n_samples=50, centers=2, random_state=0, cluster_std=0.60)
plt.scatter(X[:, 0], X[:, 1], c=y, s=50, cmap="autumn")
```

运行结果如图5-15所示。

SVM的目标就是找到一条线，使得离这条线最近的样本点到这条线的距离越远越好。

按照如下代码绘制几条直线。

```
xfit = np.linspace(-1, 3.5)
plt.scatter(X[:, 0], X[:, 1], c=y, s=50, cmap='autumn')
for m, b, d in [(1, 0.65, 0.33), (0.5, 1.6, 0.55), (-0.2, 2.9, 0.2)]:
    yfit = m * xfit + b
    plt.plot(xfit, yfit, '-k')
    plt.fill_between(xfit,
                 yfit - d,
                 yfit + d,
                 edgecolor='none',
                 color='#AAAAAA',
                 alpha=0.4)
plt.xlim(-1, 3.5)
```

绘制的直线如图5-16所示。

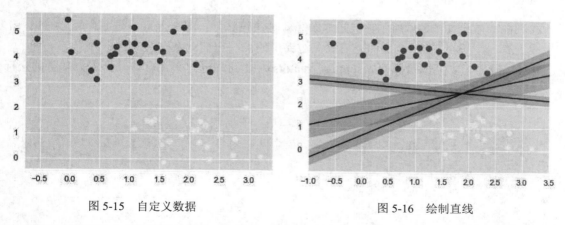

图 5-15　自定义数据　　　　　　图 5-16　绘制直线

接下来进行SVM的训练，导入sklearn下的SVC模块，该模块为支持向量机的分类器，代码如下：

```
from sklearn.svm import SVC
model = SVC(kernel = 'linear')
```

```
model.fit(X,y)
```

通过绘图函数绘制图表，代码如下：

```
#绘图函数
def plot_svc_decision_function(model, ax=None, plot_support=True):
    """Plot the decision function for a 2D SVC"""
    if ax is None:
        ax = plt.gca()
    xlim = ax.get_xlim()
    ylim = ax.get_ylim()

    # create grid to evaluate model
    x = np.linspace(xlim[0], xlim[1], 30)
    y = np.linspace(ylim[0], ylim[1], 30)
    Y, X = np.meshgrid(y, x)
    xy = np.vstack([X.ravel(), Y.ravel()]).T
    P = model.decision_function(xy).reshape(X.shape)

    # plot decision boundary and margins
    ax.contour(X, Y, P, colors='k',
            levels=[-1, 0, 1], alpha=0.5,
            linestyles=['--', '-', '--'])

    # plot support vectors
    if plot_support:
        ax.scatter(model.support_vectors_[:, 0],
                model.support_vectors_[:, 1],
                s=300, linewidth=1, facecolors='none');
    ax.set_xlim(xlim)
    ax.set_ylim(ylim)
plt.scatter(X[:, 0], X[:, 1], c=y, s=50, cmap='autumn')
plot_svc_decision_function(model);
```

绘制图表效果如图5-17所示。中间那条线就是决策边界，图中上方虚线上有两个红点，下方虚线上有一个黄点，这3个点都是恰好在边界上的点，它们就是支持向量。

在sklearn中，支持向量储存在support_vectors_中。可以通过调用代码，把支持向量的坐标显示出来，如图5-18所示。

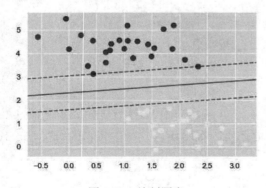

图 5-17　绘制图表

```
In  [8]:  model.support_vectors_

Out[8]:  array([[ 0.44359863,  3.11530945],
                [ 2.33812285,  3.43116792],
                [ 2.06156753,  1.96918596]])
```

图 5-18　支持向量的坐标

接下来通过增加样本的数量，来证明决策边界只受支持向量的影响。只要支持向量不变，其他数据怎么修改都没关系。代码如下：

```
def plot_svm(N=10, ax=None):
    X, y = make_blobs(n_samples=200, centers=2,
                      random_state=0, cluster_std=0.60)
    X = X[:N]
    y = y[:N]
    model = SVC(kernel='linear', C=1E10)
    model.fit(X, y)

    ax = ax or plt.gca()
    ax.scatter(X[:, 0], X[:, 1], c=y, s=50, cmap='autumn')
    ax.set_xlim(-1, 4)
    ax.set_ylim(-1, 6)
    plot_svc_decision_function(model, ax)

fig, ax = plt.subplots(1, 2, figsize=(16, 6))
fig.subplots_adjust(left=0.0625, right=0.95, wspace=0.1)
for axi, N in zip(ax, [60, 120]):
    plot_svm(N, axi)
    axi.set_title('N = {0}'.format(N))
```

运行结果如图5-19所示。

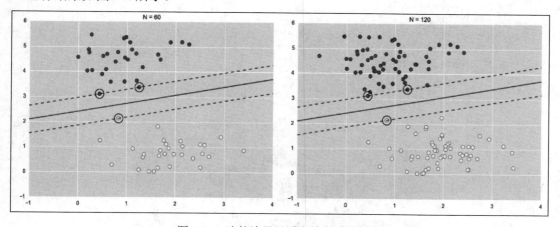

图 5-19　决策边界只受支持向量的影响

2. 引入核函数的SVM

若不能通过线性分割来解决问题，则可以通过映射到高维来进行分割。示例代码如下：

```
from sklearn.datasets.samples_generator import make_circles
X, y = make_circles(100, factor=.1, noise=.1)
clf = SVC(kernel='linear').fit(X, y)
plt.scatter(X[:, 0], X[:, 1], c=y, s=50, cmap='autumn')
plot_svc_decision_function(clf, plot_support=False);
```

运行结果如图5-20所示。

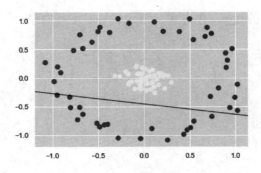

图 5-20　不能进行线性分割

可以发现，线性并不能分割红点和黄点（彩色图片可在本书配套提供的下载资源中获取）。加入新的维度r，代码如下：

```
#加入新的维度r
from mpl_toolkits import mplot3d
r = np.exp(-(X ** 2).sum(1))
def plot_3D(elev=30, azim=30, X=X, y=y):
    ax = plt.subplot(projection='3d')
    ax.scatter3D(X[:, 0], X[:, 1], r, c=y, s=50, cmap='autumn')
    ax.view_init(elev=elev, azim=azim)
    ax.set_xlabel('x')
    ax.set_ylabel('y')
    ax.set_zlabel('r')
plot_3D(elev=45, azim=45, X=X, y=y)
```

运行结果如图5-21所示。

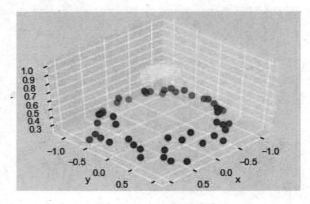

图 5-21　加入新的维度

对于SVM，则为加入径向基函数，应用高斯变化。将原本的线性转换为非线性，就能够得到支持向量机，代码如下：

```
#加入径向基函数
clf = SVC(kernel='rbf', C=1E6)
clf.fit(X, y)
plt.scatter(X[:, 0], X[:, 1], c=y, s=50, cmap='autumn')
plot_svc_decision_function(clf)
```

```
plt.scatter(clf.support_vectors_[:, 0], clf.support_vectors_[:, 1],
        s=300, lw=1, facecolors='none');
```

运行结果如图5-22所示。

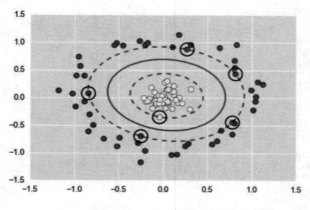

图 5-22　加入径向基函数

3. 调节SVM参数

在处理线性不可分问题或希望减少噪声影响的情况下,可以考虑使用支持向量机的软间隔 (Soft Margin)方法。软间隔是对传统硬间隔方法中严格分离的要求的一种放松。这种放松是通过引入松弛因子实现的,其中松弛变量的权重由参数C控制。参数C的选择至关重要:当C 值非常大时,模型会努力最大化间隔并且不允许有任何分类错误,这接近于硬间隔的效果;而当C值设定较小时,模型则允许更多的分类错误,从而增加了对于数据中噪声的容忍度。

首先,调节数据的离散程度,让红色的点和黄色的点贴近,代码如下:

```
X, y = make_blobs(n_samples=100, centers=2,random_state=0, cluster_std=0.8)
plt.scatter(X[:, 0], X[:, 1], c=y, s=50, cmap='autumn');
```

运行结果如图5-23所示。

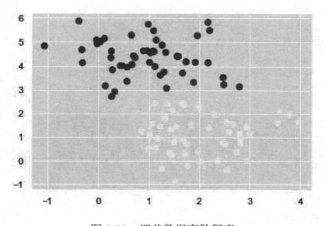

图 5-23　调节数据离散程序

调整参数C为两个极端值,一个设为10,另一个设为0.1。松弛因子会对决策边界造成一定影响:C越大,决策边界就越小;C越小,决策边界就越大。代码如下:

```
X, y = make_blobs(n_samples=100, centers=2, random_state=0, cluster_std=0.8)
fig, ax = plt.subplots(1, 2, figsize=(16, 6))
fig.subplots_adjust(left=0.0625, right=0.95, wspace=0.1)
for axi, C in zip(ax, [10.0, 0.1]):
    model = SVC(kernel='linear', C=C).fit(X, y)
    axi.scatter(X[:, 0], X[:, 1], c=y, s=50, cmap='autumn')
    plot_svc_decision_function(model, axi)
    axi.scatter(model.support_vectors_[:, 0],
                model.support_vectors_[:, 1],
                s=300, lw=1, facecolors='none');
    axi.set_title('C = {0:.1f}'.format(C), size=14)
```

运行结果如图5-24所示。

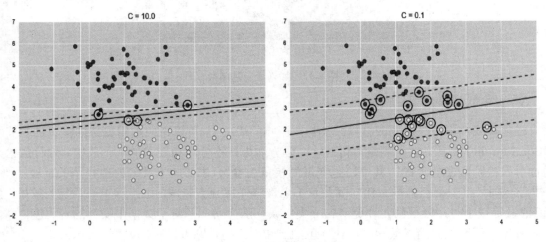

图5-24　调整参数C的值

调节的第二个参数为gamma，这个参数控制模型的复杂程度：gamma值越大，模型复杂程度越高，精度更高；gamma值越小，模型会越精简，实用性更强。代码如下：

```
X, y = make_blobs(n_samples=100, centers=2, random_state=0, cluster_std=1.1)
fig, ax = plt.subplots(1, 2, figsize=(16, 6))
fig.subplots_adjust(left=0.0625, right=0.95, wspace=0.1)
for axi, gamma in zip(ax, [10.0, 0.1]):
    model = SVC(kernel='rbf', gamma=gamma).fit(X, y)
    axi.scatter(X[:, 0], X[:, 1], c=y, s=50, cmap='autumn')
    plot_svc_decision_function(model, axi)
    axi.scatter(model.support_vectors_[:, 0],
                model.support_vectors_[:, 1],
                s=300, lw=1, facecolors='none');
    axi.set_title('gamma = {0:.1f}'.format(gamma), size=14)
```

运行结果如图5-25所示。

4. 面部识别应用

面部识别是支持向量机的一个例子，本次将使用Wild数据集中的Labeled Faces，其中包含已整理过的数千幅不同公众人物的图片。sklearn内置封装了数据集的提取器，可以直接调用。

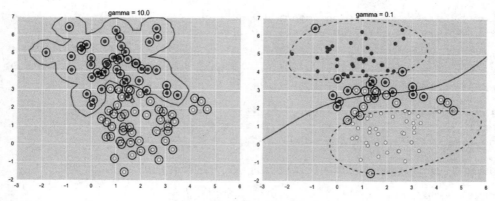

图 5-25 调整 gamma 参数

首先，通过命令下载实验所需要的数据，代码如下：

```
from sklearn.datasets import fetch_lfw_people
faces = fetch_lfw_people(min_faces_per_person=60)
print(faces.target_names)
print(faces.images.shape)
```

然后，通过绘图呈现部分图片，代码如下：

```
fig, ax = plt.subplots(3, 5)
for i, axi in enumerate(ax.flat):
    axi.imshow(faces.images[i], cmap='bone')
    axi.set(xticks=[], yticks=[],
        xlabel=faces.target_names[faces.target[i]])
```

运行结果如图5-26所示。

图 5-26 部分图片

下面进行一个人脸分类的任务。每幅图的大小是62×47像素，把每个像素点当成一个特征，并通过PCA（主成分分析）降维。降维之后，首先通过SVC进行分类。构造sklearn的训练集和验证集，具体代码如下：

```
from sklearn.svm import SVC
#from sklearn.decomposition import RandomizedPCA
```

```
from sklearn.decomposition import PCA
from sklearn.pipeline import make_pipeline

pca = PCA(n_components=150, whiten=True, random_state=42)
svc = SVC(kernel='rbf', class_weight='balanced')
model = make_pipeline(pca, svc)

from sklearn.model_selection import train_test_split
Xtrain, Xtest, ytrain, ytest = train_test_split(faces.data,
faces.target, random_state=40)
```

通过grid search cross-validation，以遍历的方式来选择合适的参数，代码如下所示。

```
import warnings
warnings.filterwarnings("ignore")
from sklearn.model_selection import GridSearchCV
param_grid = {'svc__C': [1, 5, 10], 'svc__gamma': [0.0001, 0.0005, 0.001]}
grid = GridSearchCV(model, param_grid)
%time grid.fit(Xtrain, ytrain)
print(grid.best_params_)
```

运行结果为：

```
Wall time: 13.3 s
{'svc__C': 5, 'svc__gamma': 0.0005}
```

然后通过模型进行预测，预测正确的用黑色表示，预测错误的用红色表示，代码如下：

```
model = grid.best_estimator_
yfit = model.predict(Xtest)
yfit.shape
fig, ax = plt.subplots(4, 6)
for i, axi in enumerate(ax.flat):
    axi.imshow(Xtest[i].reshape(62, 47), cmap='bone')
    axi.set(xticks=[], yticks=[])
    axi.set_ylabel(faces.target_names[yfit[i]].split()[-1],
                color='black' if yfit[i] == ytest[i] else 'red')
fig.suptitle('Predicted Names; Incorrect Labels in Red', size=14);
```

运行结果如图5-27所示。

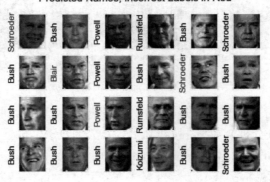

图 5-27　运行结果

最后列出精确率、召回率、F1值、样本数量，更加直观地观察识别的效果，结果如图5-28所示。

```
In [22]:  from sklearn.metrics import classification_report
          print(classification_report(ytest, yfit,
                                target_names=faces.target_names))

                        precision    recall  f1-score   support

          Ariel Sharon       0.81      0.71      0.76        24
          Colin Powell       0.71      0.81      0.76        54
       Donald Rumsfeld       0.75      0.80      0.77        30
        George W Bush       0.91      0.83      0.87       119
     Gerhard Schroeder       0.78      0.91      0.84        34
     Junichiro Koizumi       0.86      0.86      0.86        14
           Tony Blair       0.86      0.80      0.83        45

             accuracy                           0.82       320
            macro avg       0.81      0.82      0.81       320
         weighted avg       0.83      0.82      0.82       320
```

图 5-28　分类结果

5.3　朴素贝叶斯分类及应用

本节将介绍朴素贝叶斯分类的相关理论及其应用。

5.3.1　算法理论

朴素贝叶斯分类器是机器学习中经典的分类模型，其特点是易于理解且执行速度快，在针对多分类问题时，复杂度也不会有很大上升。贝叶斯分类是一种基于概率的分类方法，因贝叶斯公式而得名。朴素贝叶斯分类器是基于贝叶斯概率公式的一个朴素而有深度的模型。它的应用前提是样本特征之间相互独立，然后基于这些样本特征的条件概率乘积来计算每个分类的概率，最后选择概率最大那个分类作为分类结果。

朴素贝叶斯分类过程如下：

步骤01 设 $x = \{a_1, a_2, a_3, \cdots, a_m\}$ 为一个样本，a_i 对应 x 的一个特征属性。

步骤02 数据类别集合 $C = \{y_1, y_2, \cdots, y_n\}$。

步骤03 计算 $P(y_1 \mid x), P(y_2 \mid x), P(y_3 \mid x), \cdots, P(y_n \mid x)$。

步骤04 经过计算假设 $P(y_k \mid x) = \max\{P(y_1 \mid x), P(y_2 \mid x), P(y_3 \mid x), \cdots, P(y_n \mid x)\}$，那么样本 x 就划归到类别 y_k。

其中最关键的就是步骤03条件概率的求解，此处涉及的就是贝叶斯概率公式。

首先要计算每个类别的样本数据集大小，然后确定该类别下每个特征属性的条件概率。其中第 i 个类别对应的第 j 个特征下的条件概率为 $P(a_j \mid y_i)$，$i = 1, 2, \cdots, n$，$j = 1, 2, \cdots, m$。

然后基于特征之间条件独立的假设，依据贝叶斯定理最终推导计算公式为：

$$P(y_i \mid x) = \frac{P(x \mid y_i) P(y_i)}{P(x)}$$

下面通过一个例子来理解朴素贝叶斯具体解决的问题。

某个医院早上来了6个门诊病人，如下：

症状	职业	疾病
打喷嚏	护士	感冒
打喷嚏	农夫	过敏
头痛	建筑工人	脑震荡
头痛	建筑工人	感冒
打喷嚏	教师	感冒
头痛	教师	脑震荡

现在又来了第7个病人，是一个打喷嚏的建筑工人。请问他患上感冒的概率有多大？

根据贝叶斯定理：

$$P(A\,|\,B) \;=\; P(B\,|\,A)\,P(A)\,/\,P(B)$$

可得：

$P(感冒|打喷嚏×建筑工人)=P(打喷嚏×建筑工人|感冒)×P(感冒)/P(打喷嚏×建筑工人)$

假定"打喷嚏"和"建筑工人"这两个特征是独立的，因此，上面的等式就变成：

$P(感冒|打喷嚏×建筑工人)$
$\quad=P(打喷嚏|感冒)×P(建筑工人|感冒)×P(感冒)/P(打喷嚏)×P(建筑工人)$

这是可以计算的，算式如下：

$P(感冒|打喷嚏×建筑工人)= 0.66×0.33×0.5 / 0.5×0.33= 0.66$

因此，这个打喷嚏的建筑工人有66%的概率是得了感冒。同理，可以计算这个病人过敏或脑震荡的概率。比较这几个概率，就可以知道他最可能得了什么病。

这就是贝叶斯分类器的基本应用方法：在统计资料的基础上，依据某些特征，计算各个类别的概率，从而实现分类。

5.3.2　朴素贝叶斯实战应用

在熟悉贝叶斯算法的原理上，进行贝叶斯算法的实践——建立一个贝叶斯拼写检查器的模型来预测并输出单词。假设输入一个字母残缺或错误的单词，这里我们只做一位以及两位的偏差，根据输入的单词一两位的偏移来做判断。将语料中出现的单词进行统计，出现次数对结果输出有重要影响：对于每个输入的例子，在语料中匹配近似的单词，结果的偏差大小与语料中单词出现的频率有很大关系。因此，语料的选择也是关键的一步。

本实例主要基于Iris鸢尾花数据集进行分类，数据集是从sklearn内置的数据集中加载的。

Iris鸢尾花数据集包含3类鸢尾花，分别为山鸢尾（Iris-setosa）、变色鸢尾（Iris-versicolor）和维吉尼亚鸢尾（Iris-virginica），共150条数据，每类各50条，每条数据都有4项特征：花萼长度（Sepal Length）、花萼宽度（Sepal Width）、花瓣长度（Petal Length）、花瓣宽度（Petal Width）。通常可以通过这4个特征预测鸢尾花卉属于哪一品种（Species）。即数据集中有4类观测特征和一个判定归属，一共有150条数据。

鸢尾花如图5-29所示。

图 5-29　鸢尾花

本数据集内容如图5-30所示。

贝叶斯方法主要是作为多类分类器进行使用的，是一系列
基于朴素贝叶斯的算法。朴素贝叶斯可以非常有效地训练。通
过对训练数据的单次传递，它计算给定标签的每个特征的条件
概率分布。对于预测，它应用贝叶斯定理来计算给定观测值的
每个标签的条件概率分布。

鸢尾花贝叶斯分类的完整步骤如下。

1. 数据读取

实验数据是直接加载的sklearn内置的鸢尾花数据集，共150
条数据，包含4个特征，而且是一个三分类问题。

```
from sklearn import datasets        #导入方法类
iris = datasets.load_iris()         #加载iris数据集
iris_feature = iris.data            #加载特征数据
iris_target = iris.target           #加载标签数据
```

```
5.1,3.5,1.4,0.2,Iris-setosa
4.9,3.0,1.4,0.2,Iris-setosa
4.7,3.2,1.3,0.2,Iris-setosa
4.6,3.1,1.5,0.2,Iris-setosa
5.0,3.6,1.4,0.2,Iris-setosa
5.4,3.9,1.7,0.4,Iris-setosa
4.6,3.4,1.4,0.3,Iris-setosa
5.0,3.4,1.5,0.2,Iris-setosa
4.4,2.9,1.4,0.2,Iris-setosa
4.9,3.1,1.5,0.1,Iris-setosa
5.4,3.7,1.5,0.2,Iris-setosa
4.8,3.4,1.6,0.2,Iris-setosa
4.8,3.0,1.4,0.1,Iris-setosa
4.3,3.0,1.1,0.1,Iris-setosa
5.8,4.0,1.2,0.2,Iris-setosa
5.7,4.4,1.5,0.4,Iris-setosa
5.4,3.9,1.3,0.4,Iris-setosa
5.1,3.5,1.4,0.3,Iris-setosa
5.7,3.8,1.7,0.3,Iris-setosa
```

图 5-30　数据集

2. 划分数据集

鸢尾花数据集的特征是已经处理好的，所以这里可以跳过数据预处理的步骤，直接进行
训练预测。但是在训练之前，要先把数据集划分成训练集和测试集，划分代码如下：

```
from sklearn.model_selection import train_test_split
#数据集划分
feature_train,feature_test,target_train,target_test =
train_test_split(iris_feature,iris_target,test_size=0.33,random_state=42)
```

3. 模型训练与预测

朴素贝叶斯分类器实现代码如下：

```
from sklearn.naive_bayes import GaussianNB
nb_model = GaussianNB()                              #高斯朴素贝叶斯，参数设置为默认状态
nb_model.fit(feature_train,target_train)    #使用训练集训练模型
predict_results_nb = nb_model.predict(feature_test) #使用模型对测试集进行预测
#查看预测结果
print("predict_results:",predict_results_nb)
```

```
print("target_test:",target_test)
print(accuracy_score(predict_results_nb,target_test))
```

完整的程序代码如【程序5.1】所示。

【程序 5.1】　naive_bayes.py

```
from sklearn import datasets #导入方法类
from sklearn.model_selection import train_test_split
from sklearn.naive_bayes import GaussianNB
iris = datasets.load_iris() #加载iris数据集
iris_feature = iris.data #加载特征数据
iris_target = iris.target #加载标签数据
#数据集划分
feature_train,feature_test,target_train,target_test =
train_test_split(iris_feature,iris_target,test_size=0.33,random_state=42)
nb_model = GaussianNB() #高斯朴素贝叶斯，参数设置为默认状态
nb_model.fit(feature_train,target_train) #使用训练集训练模型
predict_results_nb = nb_model.predict(feature_test) #使用模型对测试集进行预测
#查看预测结果
print("predict_results:",predict_results_nb)
print("target_test:",target_test)
print(accuracy_score(predict_results_nb,target_test))
```

5.4　决策树分类及应用

本节将介绍决策树（Decision Tree）分类的相关理论及应用。

5.4.1　算法理论

决策树是一种基本的树形结构分类算法，其中每个节点代表对某个属性的测试，每个分支代表测试的一个可能结果。这一过程从树的根节点开始，递归地将实例分配至其子节点，直到达到叶子节点，而叶子节点则对应于决策结果。在构建决策树的过程中，每一步都选择最优的属性进行分枝，意图最大化每次分枝后的信息增益或纯度。简而言之，决策树通过逐步询问数据的特征并根据答案导向最终分类，来实现数据的分类。

使用决策树进行分类，需要的过程有：

- 决策树学习：利用样本数据训练生成决策树模型。决策树学习是一种逼近离散值目标函数的方法，它将从一组训练数据中学习到的函数表示为一棵决策树。决策树的学习过程采用自顶向下的贪婪搜索，遍历所有可能的决策树空间，其核心算法是ID3和C4.5。
- 修剪决策树：去掉一些噪声数据。
- 获得分类结果：使用决策树对未知数据进行分类。

决策树算法的属性度量选择标准有3种，即信息增益（ID3）、增益比率（C4.5）和基尼指数（Gini Index）。

决策树算法是建立在信息熵上的。例如，随机事件会产生高的信息增益，越是偶然的事

件，带来的信息量越多；越是司空见惯的事情，信息量越少。即信息量的多少与随机事件发生的概率有关，是概率的函数 $f(p)$，相互独立的两个随机事件同时发生，引起的信息量是事件分别引起的信息量之和，即 $f(pq) = f(p) + f(q)$。具有这一性质的函数是对数函数，即：

$$I(P) = -\log_2 P$$

如果训练集合（样本集）S 有 c 个不同的类（这是需要分的类），p_i 是 S 中属于类 i 的概率，则 S 相对于 c 个状态分类的熵为：

$$Inf(s) \sum_{i=1}^{c} p_i \log_2(p_i)$$

如果 C 为 2，则 S 对于 c 个状态分类的熵如图 5-31 所示。即在样本集中，只有两类样本数量相同时，其熵才最高为 1；如果只有一种，则熵为 0。

假设对于 S 而言，有 n 个条件（检验 T）将 S 分为 n 个子集 s_1、s_2、s_3 等，则这些条件得到的信息增益为：

$$Gain(S, T) = Inf(S) - \sum_{i=1}^{n} \frac{|s_i|}{s} Inf(S_i)$$

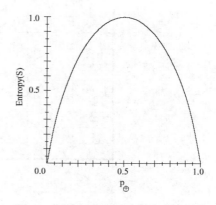

图 5-31　集合 S 对 C 个状态分类的熵

条件（检验结构）分为两种：

- 离散型检验：对于每个检验都有一个分支和输出。
- 连续型检验：它的值是一个连续型值（数值），此时可以在排序后选择相应的阈值 Z。对于 m 个连续型值，理论上阈值有 $m-1$ 个。

5.4.2　ID3算法基础

ID3算法是基于信息熵的一种经典决策树构建算法。ID3算法起源于概念学习系统（Conceptual Learning System，CLS），以信息熵的下降速度为选取测试属性的标准，即在每个节点上选取尚未被用来划分的、具有最高信息增益的属性作为划分标准，然后继续这个过程，直到生成的决策树能完美分类训练样本。因此，可以说ID3算法的核心就是信息增益的计算。

信息增益，指的是一个事件前后发生的不同信息之间的差值。换句话说，在决策树的生成过程中，属性选择划分前和划分后不同的信息熵差值，用公式可表示为：

$$Gain(P_1, P_2) = E(P_1) - E(P_2)$$

ID3决策树的每个节点对应一个非类别属性，每条边对应该属性的每个可能值。以信息熵的下降速度作为选取测试属性的标准，即所选的测试属性是从根到当前节点的路径上尚未被考虑的、具有最高信息增益的属性。

以下是一个根据年龄、收入情况、是否为学生、信誉这4个属性来描述一个人是否购买计算机的例子，数据如图5-32所示。

计数	年龄	收入	学生	信誉	类别
64	青	高	否	良	不买
64	青	高	否	优	不买
128	中	高	否	良	买
64	老	中	否	良	买
64	老	低	是	良	买
64	老	低	是	优	不买
64	中	低	是	优	买
128	青	中	否	良	不买
64	青	低	是	良	买
128	老	中	是	良	买
64	青	中	是	优	买
32	中	中	否	优	买
32	中	高	是	良	买
64	老	中	否	优	不买

图 5-32　数据信息

在本例中，最后的分类为买和不买两种，买的总人数为640，不买的总人数为384，合计总人数为1024。首先，计算对于样本S而言两个状态的熵：

$$Inf(S) = -\left(\frac{640}{1024}\log_2\frac{640}{1024} + \frac{384}{1024}\log_2\frac{384}{1024}\right) = 0.9553$$

然后，按照年龄、收入情况、是否为学生和信誉这4个属性来检测它们对类别的影响：

1）年龄

- 年轻人中128人买，256人不买，$Inf(S1) = 0.9183$。
- 中年人中256人买，0人不买，$Inf(S2) = 0$。
- 老年人中256人买，128人不买，$Inf(S3) = 0.9183$。

信息增益值为：

$$Gain(Age) = Inf(S) - \frac{|S_1|}{|S|}Inf(S_1) - \frac{|S_2|}{|S|}Inf(S_2) - \frac{|S_3|}{|S|}Inf(S_3)$$

$$= 0.9553 - \frac{384}{1024}\times 0.9183 - \frac{256}{1024}\times 0 - \frac{384}{1024}\times 0.9183$$

$$= 0.9553 - 0.75\times 0.9183$$

$$= 0.2657$$

2）收入情况

- 高收入中160人买，128人不买，$Inf(S1) = 0.9911$。
- 中收入中160人买，192人不买，$Inf(S2) = 0.9940$。
- 低收入中192人买，64人不买，$Inf(S3) = 0.8113$。

信息增益值：

$$Gain(income) = 0.9553 - ((160 + 128) / 1024) \times 0.9911 - \frac{352}{1024} \times 0.9940 - \frac{256}{1024} \times 0.8113$$
$$= 0.1320$$

参照年龄和收入的信息增益计算方法，学生和信誉两个属性对类别的影响分别是0.1697和0.0462。

可以看到，年龄这个因素的信息增益量最大，因此首先使用该检测属性，其结果如图5-33所示。

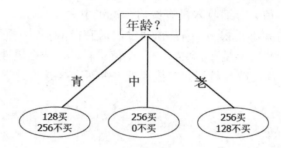

图 5-33　年龄属性检测结果

接下来，对子节点进行信息增益的计算。

先来计算青年节点的信息熵，如表5-1所示。

表5-1　计算青年节点的信息熵

总人数384	买128	不买256	$Inf(S)$=0.9183
按收入			
高	0	128	$Inf(S1)$=0.0
中	64	128	$Inf(S2)$=0.9183
低	64	0	$Inf(S3)$=0.0
增益0.4592			
按是否为学生			
是	128	0	0
否	0	256	0
增益0.9183			
按信誉			
优	64	64	1
良	64	192	0.8113
增益0.0441			

我们可以看到，是否为学生数具有最大的增益量，使用该检测属性，结果如图5-34所示。

可以看到，按是否为学生分类后，就剩下二元的买或不买了，这个决策依据就有了。

再来对年龄为"老"的进行分类，最后结果如图5-35所示。

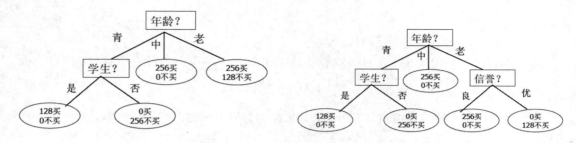

图 5-34   是否为学生属性检测   图 5-35   年龄为"老"的分类结果

可以看到，根据选择属性的不同顺序和不同值，年龄、信誉和是否为学生就做出了最后的决策（每个节点只有一个值），而收入没有参与到决策中去。

上述决策树的属性值并不是太多，当某个属性的值有很多种时，采用信息增益选择属性就会有很多的问题。最极端的情况是即n个样本有n个值。而对于一个属性而言，值越多，其信息看起来越纯，熵越高，导致决策容易偏向多值属性，进而直接导致过学习问题（即属性对于判断并无帮助）。

5.4.3　决策树算法实战

本实战主要目标是讲解如何使用sklearn库来构造决策树，包括其中的一些参数的使用，以及参数调优对模型精确度的影响。

1．数据处理

导入Pandas和Matplotlib两个库。

```
# 导入Pandas和IMatplotlib两个库
%matplotlib inline
import matplotlib.pyplot as plt
import pandas as pd
```

此次实验没有CSV数据文件，我们采用sklearn模块中的内置数据集，直接加载内置的房价数据集，根据房子的价格和一些影响因素，来预测最终的结果。

```
from sklearn.datasets.california_housing import fetch_california_housing
housing = fetch_california_housing()
print(housing.DESCR)# 内置数据集
```

可以简单打印一下数据信息，具体代码与结果如图5-36所示。第一条代码中，.shape表示数据的维度，输出的信息表示整个文件有8个特征及20640条数据。第二条代码表示打印数据集中的第一行数据信息。

图 5-36   打印数据信息

2. 模型的建立

从sklearn中导入tree模块，在tree模块里可以用决策树分类或者回归，预测类别值或连续值都是可以的。使用sklearn分两步，第一步是将树模型实例化出来，传入参数max_depth控制树的最大深度。第二步是用实例出来的变量来进行训练，相当于构造一个树模型。其中，传入两个参数x,y，这里的x取数据集中的第6列和第7列，相当于指定某些特征来建模；y相当于label，即结果值。

```python
# 实例化树模型
from sklearn import tree
print(housing.target)
dtr = tree.DecisionTreeRegressor(max_depth=2) # 控制深度
dtr.fit(housing.data[:,[6,7]],housing.target) # 取第6列和第7列
```

执行语句输出模型的参数，如图5-37所示，除了设定的参数，有些参数是默认的，一般情况下我们只需要调整部分参数即可。

```
Out[9]:  DecisionTreeRegressor(criterion='mse', max_depth=2, max_features=None,
                    max_leaf_nodes=None, min_impurity_decrease=0.0,
                    min_impurity_split=None, min_samples_leaf=1,
                    min_samples_split=2, min_weight_fraction_leaf=0.0,
                    presort=False, random_state=None, splitter='best')
```

图 5-37　输出模型参数

3. 模型可视化

模型可视化显示需要借助第三方工具。首先要安装graphiviz，其官方网站地址是http://www.graphviz.org/，进入页面后单击Download按钮，根据计算机版本选择安装文件，安装后将bin目录下的路径添加到环境变量即可使用。

接下来要构造可视化树模型，代码结构差不多，唯一需要调整的是构造对象的变量名字，以及图中的特征名字，就是dataframe中用什么名字就指定那个名字，代码如下：

```python
# 可视化构造树模型
dot_data = \
tree.export_graphviz(
    dtr,# 变量名
    out_file=None,
    feature_names=housing.feature_names[6:8],# 名字
    filled=True,
    impurity=False,
    rounded=True
)
```

另外，还需要安装一个pydotplus库，使用pip install pydotplus命令即可安装。把数据参数传进去并指定画图的颜色，代码如下：

```python
import pydotplus
graph = pydotplus.graph_from_dot_data(dot_data)
graph.get_nodes()[7].set_fillcolor("#FFF2DD")
from IPython.display import Image
Image(graph.create_png())
```

结果如图5-38所示。如此就完成了决策树的可视化的过程。

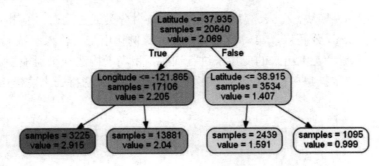

图 5-38　可视化树模型

所以说，调用Python的内置模块还是很方便的，不需要在cmd命令窗口上去进行一些操作，构造好的决策树图还可以保存到本地，方便查看，操作也很简单。

```
graph.write_png("dtr_white_backgroud.png")
```

4. 训练模型及参数调优

调用 sklearn 模型导入切分模块，将数据按比例切分成训练集和测试集。代码如下：

```
# 验证准确率
from sklearn.model_selection import train_test_split
data_train,data_test,target_train,target_test = \
    train_test_split(housing.data,housing.target,test_size=0.1, random_state=42)
dtr = tree.DecisionTreeRegressor(random_state=42)
dtr.fit(data_train,target_train)
dtr.score(data_test,target_test)
```

调用train_test_split函数，其传入的参数分别代表的是x数据、目标值label、切分时测试集的比例、随机种子；调用fit函数构造树模型；最后调用score求值，对于不同的算法，score的默认计算方式是不同的。

运行结果为：0.63731835。

下面介绍一个使用比较方便的模块GridSearchCV。我们在不知道选择哪些参数合适的情况下，可以调用这个模块，利用它可以遍历各个参数以选择合适的参数组合及参数值。代码如下：

```
from sklearn.ensemble import RandomForestRegressor
# 0.20
from sklearn.model_selection import GridSearchCV
# 0.19
# from sklearn.grid_search import GridSearchCV
tree_param_grid = {"min_samples_split":list((3,6,9)),"n_estimators":
list((10,50,100))}
# 以字典的格式传入参数候选项和交叉验证的次数
grid = GridSearchCV(RandomForestRegressor(),param_grid=tree_param_grid,
cv=3,n_jobs=-1)
grid.fit(data_train,target_train)
grid.cv_results_['params'],grid.best_params_,grid.best_score_
```

这里我们指定两个参数：min_samples_split表示最小的叶子节点，传入3个值让它循环；n_estimators指定一个n值，同样可以传入3个值，代表不同树的个数对结果产生的影响。接着给实例化出来的GridSearchCV传入参数：第一个参数代表传入的算法类型；第二个参数代表调节参数的候选项，之前我们已经把两个参数写成了字典的形式，这里直接传入即可；第三个参数cv代表交叉验证的次数。

最后打印得分值，输出结果如下：

```
([{'min_samples_split': 3, 'n_estimators': 10},
 {'min_samples_split': 3, 'n_estimators': 50},
 {'min_samples_split': 3, 'n_estimators': 100},
 {'min_samples_split': 6, 'n_estimators': 10},
 {'min_samples_split': 6, 'n_estimators': 50},
 {'min_samples_split': 6, 'n_estimators': 100},
 {'min_samples_split': 9, 'n_estimators': 10},
 {'min_samples_split': 9, 'n_estimators': 50},
 {'min_samples_split': 9, 'n_estimators': 100}],
 {'min_samples_split': 3, 'n_estimators': 100},
 0.8027694791491703)
```

这里简单介绍一下交叉验证。我们按设定的划分参数把数据集分成训练集和测试集，测试集是不参与参数评估的，也就是在所有参数都已确定好的模型建立的情况下，测试该模型在实际环境中的效果时，我们才会使用测试集。选择参数的时候，需要将训练集再划分。这里当我们指定3倍交叉验证时，将训练集平均划分成3份（A、B、C），第一次交叉验证选择A和B来建立模型，用C作为验证集进行测试，得到精确率P1；同理得到P2和P3。再对精确率求平均就会得到一个比较靠谱的值。如图5-39所示。

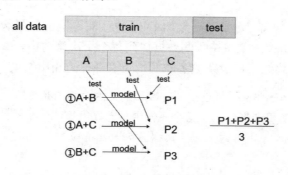

图 5-39 交叉验证

前面的参数保持不变，只改变cv的大小，之前指定了3倍交叉验证，这里增加交叉验证的次数，相当于使模型更可靠，一般情况下设置为5或者是10。当然，也不是交叉验证次数越多越好。代码如下：

```
tree_param_grid = {"min_samples_split":list((3,6,9)),"n_estimators":
list((10,50,100))}
 # 以字典的格式传入参数候选项，交叉验证的次数
 grid = GridSearchCV(RandomForestRegressor(),param_grid=tree_param_grid, cv=5,
n_jobs=-1)
 grid.fit(data_train,target_train)
```

```
grid.cv_results_['params'],grid.best_params_,grid.best_score_
```

输出结果为：

```
([{'min_samples_split': 3, 'n_estimators': 10},
  {'min_samples_split': 3, 'n_estimators': 50},
  {'min_samples_split': 3, 'n_estimators': 100},
  {'min_samples_split': 6, 'n_estimators': 10},
  {'min_samples_split': 6, 'n_estimators': 50},
  {'min_samples_split': 6, 'n_estimators': 100},
  {'min_samples_split': 9, 'n_estimators': 10},
  {'min_samples_split': 9, 'n_estimators': 50},
  {'min_samples_split': 9, 'n_estimators': 100}],
 {'min_samples_split': 6, 'n_estimators': 100},
 0.8069362124201834)
```

5.5　随机森林算法实战

随机森林（Random Forest，RF）是通过集成学习的思想将多棵树集成的一种算法，它的基本单元是决策树。假设现在针对的是分类问题，每棵决策树都是一个分类器，那么N棵树会有N个分类结果。随机森林集成了所有的分类投票结果，将投票次数最多的类别指定为最终输出。它可以很方便地并行训练。森林表示决策树是多个。随机表现为两个方面：数据的随机和待选特征的随机。

构建流程

采取有放回的抽样方式构造子数据集，保证不同子集之间的数量级一样（元素可以重复）；利用子数据集来构建子决策树；将待预测数据放到每个子决策树中，每个子决策树输出一个结果；统计子决策树的投票结果，投票数多的就是随机森林的输出结果。具体步骤为：

步骤01 从样本集中用Bootstrap采样选出一定数量的样本，例如80%样本集。

步骤02 从所有属性中随机选择K个，在K个属性中再选择出最佳分割属性作为节点，创建决策树。

步骤03 重复以上两步m次，即建立m棵决策树。可以并行操作，即m个样本同时提取，m棵决策树同时生成。

步骤04 这m个决策树形成随机森林，通过投票表决结果（例如少数服从多数）决定待预测数据的结果。

随机森林和决策树在单棵决策树上的构建区别是：随机森林的所有特征变成随机部分特征。部分数量是K个，K的取值有一定的讲究，太小了会使得单棵树的精度太低；太大了树之间的相关性会加强，独立性会减弱。K通常取总特征数的平方根。

在sklearn中，随机森林的类是RandomForestClassifier，回归类是RandomForestRegressor。需要调节的参数包括两部分，第一部分是Bagging框架的参数，第二部分是CART决策树的参数。以下案例导入随机森林模块，在调用时只传入了一个参数random_state，并为该参数赋值为42：

```
# 随机森林
from sklearn.ensemble import RandomForestRegressor
rfr = RandomForestRegressor(random_state=42)
rfr.fit(data_train,target_train)
rfr.score(data_test,target_test)
```

random_state是为了保证程序每次运行都分割一样的训练集和测试集；否则，同样的算法模型在不同的训练集和测试集上的效果不一样。当用sklearn分割完测试集和训练集（此处的数据集跟决策树实战部分采用的数据集一样），确定模型和初始参数以后，会发现程序每运行一次，都会得到不同的精确率且无法调参。这是因为没有加random_state，加上以后就可以调参了。

输出结果为：0.7910601348350835。

调用随机森林，这次传入3个参数。第一个参数 min_samples_split代表内部节点再划分所需最小样本数，这个值限制了子树继续划分的条件，如果某节点的样本数少于min_samples_split，则不会继续尝试选择最优特征来进行划分。第二个参数n_estimator代表想创建的决策树的数量，数量太大会降低代码的运行速度，合适的大小可以增强模型的精确率。第三个参数random_state赋值为42。

```
rfr=RandomForestRegressor(min_samples_split
=2,n_estimators=100,random_state=42)
rfr.fit(data_train,target_train)
rfr.score(data_test,target_test)
```

接下来运行代码，观察一下结果有何变化。输出结果为：0.8097021394052101。在进行参数调优后，模型的精确率果然有了提升。

5.6　本章小结

本章介绍了常见的机器学习分类算法及其基于sklearn的实战应用。其中，逻辑回归和支持向量机是常用的分类方法。对于多元的线性回归分类，由于逻辑回归在算法上有一点欠缺，因此，使用支持向量机对多元数据进行分类，可以较好地实现拟定的分类任务，其过拟合和欠拟合现象较少。朴素贝叶斯算法目前常用于文本分类，本章基于鸢尾花分类展开了朴素贝叶斯算法实战。决策树分类算法主要介绍了ID3算法基础及决策树实战应用。最后介绍了一个随机森林算法实战，通过对本章内容的学习，希望读者能熟悉并掌握机器学习分类算法的原理及应用。

第 **6** 章
数据降维及应用

数据降维又称维数约简，就是降低数据的维度。其方法有很多种，从不同角度入手可以有不同的分类，主要分类方法有：根据数据的特性，可以划分为线性降维和非线性降维；根据是否考虑和利用数据的监督信息，可以划分为无监督降维、有监督降维和半监督降维；根据保持数据的结构，可以分为全局保持降维、局部保持降维和全局与局部保持一致降维等。实际应用中，需要根据特定的问题选择合适的数据降维方法。

数据降维，一方面可以解决"维数灾难"，缓解信息丰富、知识贫乏的现状，降低复杂度；另一方面可以更好地认识和理解数据。本章实战部分主要讲解机器学习中的主成分分析（Principal Component Analysis，PCA）和奇异值分解（Singular Value Decomposition，SVD）。

本章主要知识点：

❖ 数据降维概述
❖ PCA的理论及应用
❖ SVD的理论及应用

6.1　数据降维概述

机器学习领域中，所谓的降维就是指采用某种映射方法，将高维度空间中的数据点映射到低维度的空间中。降维的本质是学习一个映射函数 $f: x\text{->}y$，其中x是原始数据点的表达，目前最多使用向量表达形式。y是数据点映射后的低维向量表达，通常y的维度小于x的维度（当然提高维度也是可以的）。f可能是显式的或隐式的、线性的或非线性的。

目前，大部分降维算法处理向量表达的数据，也有一些降维算法处理高阶张量表达的数据。之所以使用降维后的数据表示，是因为在原始的高维空间中，含有冗余信息以及噪声信息，在实际应用（例如图像识别）中造成了误差，降低了准确率；而通过降维，可以减少冗余信息所造成的误差，提高识别（或其他应用）的准确率。又或者希望通过降维算法来寻找数据内部的本质结构特征。

在很多算法中，降维算法成了数据预处理的一部分，如PCA。事实上，有一些算法如果没有降维预处理，是很难得到很好的效果的。

6.2　PCA算法

本节将介绍PCA算法的相关理论及其应用。

6.2.1　PCA算法理论

为了帮助读者更好地理解PCA（主成分分析）思想，不会马上引入严格的数学推导，而是希望读者结合以下PCA在生活中的实际应用示例来更好地理解PCA。

一般情况下，在数据挖掘和机器学习中，数据被表示为向量。例如，某个淘宝店某年全年的流量及交易情况可以看作一组记录的集合，其中，每一天的数据是一条记录，"日期"是一个记录标志而非度量值，而数据挖掘关心的大多是度量值。因此，忽略日期这个字段后，我们得到一组记录，每条记录可以被表示为一个五维向量，其中一条看起来大约是这个样子：

$$(500, 240, 25, 13, 2312, 15)^\mathrm{T}$$

注意，这里使用了转置，因为习惯上使用列向量来表示一条记录，本书后面也会遵循这个准则。不过为了方便，有时也会省略转置符号，但我们说到向量时默认都是指列向量。

我们可以对这一组五维向量进行分析和挖掘。很多机器学习算法的复杂度和数据的维数有着密切关系，甚至与维数呈指数级关联。这里区区五维的数据，也许还无所谓，但是实际机器学习中处理成千上万，甚至几十万维的情况也并不罕见。在这种情况下，机器学习的资源消耗是不可接受的，因此，我们必须对数据进行降维。

降维当然意味着信息的丢失，不过鉴于实际数据本身常常存在相关性，因此我们可以想办法在降维的同时将信息的损失尽量降低。

举个例子，假如某学籍数据有两列M和F，其中M列的取值是学生为男性则取值为1，为女性则取值为0；而F列是学生为女性则取值为1，男性则取值为0。此时如果我们统计全部学籍数据，会发现对于任何一条记录来说，当M为1时F必定为0，反之当M为0时F必定为1。在这种情况下，我们将M或F去掉实际上也没有任何信息的损失，因为只要保留一列就可以完全还原另一列。

当然，上面是一个极端的情况，在现实中也许不会出现，不过类似的情况还是很常见的。例如，上面淘宝店铺的数据，依据经验我们可以知道，"浏览量"和"访客数"往往具有较强的相关关系，而"下单数"和"成交数"也具有较强的相关关系。这里我们非正式地使用"相关关系"这个词，可以直观理解为"当某一天这个店铺的浏览量较高（或较低）时，我们很大程度上认为这天的访客数也较高（或较低）"。

这种情况表明，如果删除浏览量或访客数其中一个指标，并不会丢失太多信息。因此，我们可以删除一个指标，以降低机器学习算法的复杂度。

　　上面给出的是降维的朴素思想描述，有助于直观理解降维的动机和可行性。例如，我们到底删除哪一列损失的信息才最小？抑或根本不是单纯删除几列，而是通过某些变换将原始数据变为更少的列并使得丢失的信息最小？到底如何度量丢失信息的多少？如何根据原始数据决定具体的降维操作步骤？

　　要回答上面的问题，就要对降维问题进行数学化和形式化的讨论。PCA就是一种具有严格数学基础并且已被广泛采用的降维方法。

　　PCA是最常用的线性降维方法，它的目标是通过某种线性投影，将高维的数据映射到低维的空间中表示，并期望在所投影的维度上数据的方差最大，以此使用较少的数据维度，同时保留住较多的原数据点的特性。

　　通俗地理解，如果把所有的点都映射到一起，那么几乎所有的信息（如点和点之间的距离关系）都丢失了；而如果映射后方差尽可能的大，那么数据点会分散开来，以此来保留更多的信息。可以证明，PCA是丢失原始数据信息最少的一种线性降维方式（就是实际上最接近原始数据），但是PCA并不试图去探索数据内在结构。

　　理解PCA需要较多的数学基础知识，下面还是以例子的形式为读者讲解PCA基础。

　　假设有一个二维数据集$(x_1, x_2, x_3, \cdots, x_n)$，分布如图6-1所示，要求将它从二维降成一维数据。

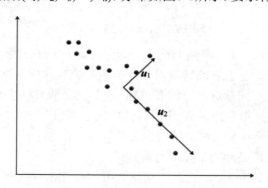

图6-1　主成分分析原理图

　　其中，u_1和u_2分别为数据变化的主方向，u_1变化的幅度大于u_2变化的幅度，即可认为数据集在u_1方向上的变化比u_2方向上的大。为了更加数字化地表示u_1和u_2的大小，可参考如下公式：

$$A = \frac{1}{m} \sum_{i=1}^{m} (x_i)(x_i)^{\mathrm{T}}$$

　　计算后可得到数据集的协方差矩阵A。可以证明计算结果数据变化的u_1方向为协方差矩阵A的主方向，u_2为次级方向。

　　之后可以将数据集使用u_1和u_2的矩阵形式进行表达，即：

$$x_{\mathrm{rot}} = \begin{bmatrix} u_1^{\mathrm{T}} x \\ u_2^{\mathrm{T}} x \end{bmatrix} = u_1^{\mathrm{T}} x_i$$

　　x_{rot}是数据重构后的结果，此时二维数据集通过u_1以一维的形式表示。如果将它推广到更一般的情况，当x_{rot}包含更多的方向向量时，则只需要选取前若干个成分来表示整体数据集。

$$x_{\mathrm{rot}} = \begin{bmatrix} u_1^{\mathrm{T}} x \\ u_2^{\mathrm{T}} x \\ \cdots \\ 0 \\ 0 \end{bmatrix} = u_1^{\mathrm{T}} x \times u_2^{\mathrm{T}} x \cdots x_i$$

提示　整体推导过程和公式计算较为复杂，感兴趣的读者可以参考统计学中关于主成分分析的相关资料。

可以这样说，PCA将数据集的多个特征降维，对数据集进行数据缩减。例如，当十维的样本数据被处理后只保留二维数据，则整体数据集被压缩80%，极大地提高了运行效率。

6.2.2　PCA算法实战

PCA降维是为了对特征进行压缩，精简模型的同时能提高算法效率。假如我们有一个医患数据集，该数据集中有许多患者特征，例如年龄、性别、身高、体重、职业、家庭住址、联系方式、身份证号、银行卡号、血压、血糖、心率、视力等。这份数据集涉及患者的诸多隐私，是不能随便向外公开的。传统的方法是对该数据集进行匿名化处理，如将患者姓名用一串数字表示。但是在今天，通过多方面的数据匹配，仍然可以匹配出具体的患者。这时候数据降维技术就可以派上用场了。假设在降维之前，每一位患者都有20个特征，我们的目标是把数据降到二维。这里降维不是去掉其中的18个特征，保留剩下的2个特征，而是通过对20个特征进行压缩，将数据压缩成二维。降维前这20个特征，每一个都有其具体的实际含义，降维后的这2个特征是不可解释的，此时任何人都看不出来它们的实际含义。如果我们要公开一些涉及个人信息安全的数据集，那么在公开之前，就必须对数据集进行处理。

PCA的降维，整个过程是线性代数中的矩阵计算，过程如下：

步骤01　数据的标准化处理，去均值。
步骤02　计算协方差矩阵。
步骤03　计算特征向量与特征值。
步骤04　根据特征值的大小，选择前k个特征向量组成一个新的特征矩阵。
步骤05　原始数据与新的特征矩阵相乘。

机器学习sklearn库提供了PCA模块，我们可直接调用该模块对原始数据进行处理，十分简单方便。下面我们对PCA算法进行一个详细的说明。

PCA的具体使用API如下：

```
sklearn.decomposition.PCA(n_components=None,
copy=True, whiten=False, svd_solver='auto',
    tol=0.0, iterated_power='auto', random_state=None)
```

PCA算法中的参数说明：

- n_components：要保留的成分数量，其值类型可以设为整型、浮点型、字符串。如果不指定该值，n_components== min(n_samples, n_features)；如果n_components =='mle'，并且svd_solver =='full'，则使用Minka's MLE方法估计维度。当0 < n_components < 1，并且svd_solver == 'full'时，方差值必须大于n_components；如果 n_components =='arpack'，则n_components必须严格等于特征与样本数之间的最小值。
- copy：默认值为True。
- whiten：默认值为False。
- svd_solver：字符型数值，默认为auto，其余可选值有full、arpack、randomized。算法根据数据的规模以及n_components来自动选择合适的参数。

PCA算法的属性：

- components_：特征变换空间（特征矩阵），根据我们指定的n_components = k的值，选择方差最大的k个值所对应的特征向量组成的特征矩阵。
- explained_variance_：n_components所对应的方差。
- explained_variance_ratio_：不同特征方差的占比。
- singular_values_：特征值，与前面的特征向量components_是一一对应的。

以下是关于PCA应用的一个具体实例。

我们使用sklearn自带的数据集boston（波士顿地区房价数据集），该数据集有506个样本，13个特征，例如房屋面积、区位、卧室数量等，以及1个标签（价格）。PCA是一种无监督降维算法，所以我们不使用价格数据。PCA的代码实现过程如下：

```python
from sklearn.decomposition import PCA
from sklearn.preprocessing import StandardScaler
from sklearn import datasets
boston_house_price = datasets.load_boston()#导入boston房价数据集
X = boston_house_price .data#获取特征数据
#第一步，对数据进行标准化处理
X_std = StandardScaler().fit_transform(X)
#实例化PCA
pca = PCA(n_components = 3)
#训练数据
pca.fit(X_std)
#使用PCA的属性查看特征值
pca.singular_values_
array([55.6793095 , 26.93022859, 25.07516773])
#使用PCA的属性查看特征值对应的特征向量
pca.components_
```

每个特征值对应一个特征向量，结果如下：

```
array([[ 0.2509514 , -0.25631454, 0.34667207, 0.00504243, 0.34285231,
        -0.18924257, 0.3136706 , -0.32154387, 0.31979277, 0.33846915,
         0.20494226, -0.20297261, 0.30975984],
```

```
    [-0.31525237, -0.3233129 ,  0.11249291,  0.45482914,  0.21911553,
      0.14933154,  0.31197778, -0.34907   , -0.27152094, -0.23945365,
     -0.30589695,  0.23855944, -0.07432203],
    [ 0.24656649,  0.29585782, -0.01594592,  0.28978082,  0.12096411,
      0.59396117, -0.01767481, -0.04973627,  0.28725483,  0.22074447,
     -0.32344627, -0.3001459 , -0.26700025]])
```

接下来对原始的数据集进行转换，实现降维效果，代码如下：

```
new_data = X.dot(pca.components_.T)
print(new_data[:10])#打印出转换后的前十行数据，做一个观察
```

打印出的前10行的数据如下：

```
array([[ 38.89018107,  32.93532391, -51.87396066],
       [ 33.02343232,  54.79866941, -71.20799688],
       [ 26.53873512,  48.76840918, -67.85363879],
       [ 12.75698667,  47.78351826, -72.33882223],
       [ 15.65240562,  50.77871883, -73.70920814],
       [ 17.71686561,  51.4336294 , -73.35783472],
       [ 51.22331968,  29.63835929, -51.11003359],
       [ 62.1527616 ,  38.52240664, -53.72636333],
       [ 68.87661773,  36.34017288, -53.90249412],
       [ 60.21849172,  32.80458593, -50.06565433]])
```

可以看到列数已经降为3了。

6.3　SVD 算法

本节将介绍SVD算法的相关理论及其应用。

6.3.1　SVD理论

上一节讲解了PCA。PCA的实现一般有两种，一种是用特征值分解去实现，另一种是用奇异值分解去实现。上一节讲解的内容便是基于特征值分解的一种解释。特征值和奇异值在大部分人的印象中，还停留在纯粹的数学计算中，而且线性代数或者矩阵论里面，也很少讲跟特征值与奇异值有关的应用背景。奇异值分解是一个有着很明显的物理意义的一种方法，它可以将一个比较复杂的矩阵用更小更简单的几个子矩阵的相乘来表示，这些小矩阵描述的是矩阵的重要特性。就像是描述一个人一样，给别人描述说这个人长得浓眉大眼、方脸、络腮胡，而且带个黑框的眼镜，这样寥寥的几个特征，就能让人的脑海里面有一个较为清楚的认识。实际上，人脸上的特征有无数种，之所以能这么描述，是因为人天生就有着非常好的抽取重要特征的能力，而让机器学会抽取重要的特征，SVD是一个重要的方法。

在机器学习领域，有相当多的应用与奇异值都可以关联到，例如，做特征降维的PCA，做数据压缩（以图像压缩为代表）的算法，还有做搜索引擎语义层次检索的隐性语义索引（Latent Semantic Indexing，LSI）。

奇异值分解算法其实是众多矩阵分解方法中的一种。除了可以在PCA上使用之外，也可用于推荐问题。

一般来说，一个矩阵可以用其特征向量来表示，即矩阵A可以表示为：

$$AV=V\lambda$$

这里V就被称为特征向量λ对应的特征值。首先需要知道的是，任意一个矩阵与一个向量相乘，就相当于进行了一次线性处理。例如，如果需要对坐标系中某个点(x,y)做长度转换，即Y轴不变，X轴长度是原来的3倍，则可以使用矩阵[[3,0],[0,1]]与x，y组成的一维向量相乘，从而进行线性变换，可得如图6-2所示的形式。

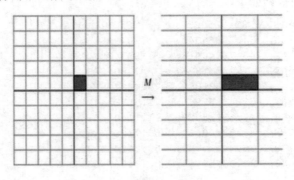

图 6-2　奇异值分解图示

可以认为一个矩阵在计算过程中在一个方向上进行拉伸，需要关心的是拉伸的幅度与方向。

一般情况下，拉伸幅度在线性变换中是可以忽略或近似计算的一个量，需要关心的仅仅是拉伸的方向，即变换的方向。当矩阵维数已定时，可以将它分解成若干个带有方向特征的向量，获取其不同的变换方向，从而确定出矩阵。

基于以上解释，可以简单地把奇异值分解理解为：一个矩阵分解成带有方向向量的矩阵相乘，即：

$$A = U\Sigma V^{\mathrm{T}}$$

用图示表示如图6-3所示。

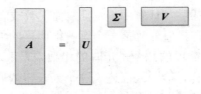

图 6-3　将矩阵分解为带有方向向量的矩阵

其中的U是一个$M×K$的矩阵，Σ是一个$K×K$的矩阵，而V也是一个$N×K$的矩阵，这三个矩阵相乘的结果就是形成一个近似于A的矩阵。这样做的好处是能够极大地减少矩阵的存储空间。很多数据矩阵在经过SVD处理后，其所占空间只有原先的10%，从而极大地提高了运算效率。

6.3.2 SVD实战应用

SVD的信息量衡量指标比较复杂，要理解"奇异值"远不如理解"方差"来得容易，因此，sklearn将降维流程拆成了两部分：一部分是计算特征空间V，由奇异值分解完成；另一部分是映射数据和求解新特征矩阵，由主成分分析完成。这样就实现了使用SVD的数学性质减少计算量，同时采用方差作为信息量的评估指标。

PCA的类里会包含控制SVD分解器的参数。通过SVD和PCA的合作，sklearn实现了一种计算更快更简单，但效果却很好的"合作降维"。很多人理解SVD，是把SVD当作PCA的一种求解方法，其实指的就是在矩阵分解时不使用PCA本身的特征值分解，而使用奇异值分解来减少计算量。这种方法确实存在。奇异值分解追求的仅仅是特征向量V，只要有了V，就可以计算出降维后的特征矩阵。

1. 重要参数svd_solver 与 random_state

参数svd_solver是在降维过程中，用来控制矩阵分解的一些细节的参数。它有4种模式可选：auto、full、arpack和randomized，默认为auto。

- auto：基于X.shape和n_components的默认策略来选择分解器。如果输入数据的尺寸大于500 × 500，并且要提取的特征数小于数据最小维度min(X.shape) 的80％，就会启用效率更高的randomized方法。否则，精确完整的SVD将被计算，截断将会在矩阵被分解完成后有选择地发生。

- full：从scipy.linalg.svd中调用标准的LAPACK分解器，来生成精确完整的SVD。适合数据量比较适中、计算时间充足的情况。

- arpack：从scipy.sparse.linalg.svds中调用ARPACK分解器来运行截断奇异值分解（SVD Truncated），分解时就将特征数量降到n_components中输入的数值k，可以加快运算速度。适合特征矩阵很大的时候，但一般用于特征矩阵为稀疏矩阵的情况，此过程包含一定的随机性。

- randomized：通过Halko等人的随机方法进行随机SVD。在full方法中，分解器会根据原始数据和输入的n_components值，去计算和寻找符合需求的新特征向量。但是，在randomized方法中，分解器会先生成多个随机向量，然后一一去检测这些随机向量中是否有任何一个符合我们的分解需求，如果符合，就保留这个随机向量，并基于这个随机向量来构建后续的向量空间。这个方法已经被Halko等人证明，比full模式计算快很多，并且还能够保证模型运行效果。适合特征矩阵巨大、计算量庞大的情况。

参数random_state在参数svd_solver的值为"arpack"或者"randomized"的时候生效，可以控制这两种SVD模式中的随机模式。通常参数svd_solver的值选用"auto"，因此不必对random_state这个参数纠结太多。

2. 重要属性components_

现在了解到了，$V(k,n)$是新特征空间，是我们要将原始数据进行映射的那些新特征向量组成的矩阵。我们用它来计算新的特征矩阵，但我们希望获取的毕竟是X_dr，为什么要把$V(k,n)$这个矩阵保存在n_components属性中来让大家调取查看呢？

我们之前谈到过PCA与特征选择的区别，即特征选择后的特征矩阵是可解读的，而PCA降维后的特征矩阵是不可解读的：PCA是将已存在的特征进行压缩，降维完毕后的特征不是原本的特征矩阵中的任何一个特征，而是通过某些方式组合起来的新特征。通常来说，在新的特征矩阵生成之前，我们无法知晓PCA都建立了怎样的新特征向量。新特征矩阵生成之后也不具有可读性，因此我们无法判断新特征矩阵的特征是从原数据中的什么特征组合而来的，新特征虽然带有原始数据的信息，却已经不是原数据上代表的含义了。

但是，在矩阵分解时，PCA是有目标的：在原有特征的基础上，找出能够让信息尽量聚集的新特征向量。在sklearn中使用PCA和SVD联合的降维方法时，这些新特征向量组成的新特征空间其实就是$V(k,n)$。当$V(k,n)$是数字时，我们无法判断$V(k,n)$和原有的特征究竟有着怎样千丝万缕的数学联系。但是，如果原特征矩阵是图像，并且$V(k,n)$这个空间矩阵也可以被可视化，那么我们就可以通过两幅图来进行比较，找出新特征空间究竟从原始数据里提取了什么重要的信息。具体实现代码如【程序6.1】所示。

【程序 6.1】svd.py

```python
# components_参数在人脸识别中的应用
from sklearn.datasets import fetch_lfw_people
from sklearn.decomposition import PCA
import matplotlib.pyplot as plt
import numpy as np
# svd就是奇异值分解器
# 获取人脸数据集
faces = fetch_lfw_people(min_faces_per_person=60)
faces.data.shape #1348*2914
# 人脸数据集的faces.data.shape的行是样本，列是所有行相关的特征，data数据集标示所有图像的特
征数量
faces.images.shape# 这是我们画图的矩阵，1348*62*47
# faces.images.shape得到的是一个三维矩阵，第一个数代表第三维，后面两个数代表行和列
# 对于此组数据，第一个数1348代表图像的个数
# 62代表每一个特征矩阵的行数
# 47代表每一个特征矩阵的列，也就是特征的个数
# 所以真正的特征矩阵是62*47
# 一个特征矩阵决定了一幅图片
# 也就是说，一张表有62行、47列，对应一幅图片，一共有1348张这样的表，也就是1348幅图片
# 而62*47=2914，刚好就是faces.data.shape的特征个数
# 可以对62*47进行可视化，因为它代表一幅图片
x=faces.data# 这是本质的特征矩阵
# 绘制子图，里面的前两个参数标示绘制多少行，多少列
# figsize(8,4)标示整个画布的大小，也就是横向是8，纵向是4
# subplot_kw={'xticks':[],'yticks':[]}标示不显示坐标
fig,axes=plt.subplots(4,5,figsize=(8,10),subplot_kw={'xticks':[],'yticks':[]})
axes[0][0].imshow(faces.images[1,:,:])
axes[0][1].imshow(faces.images[2,:,:])
# faces.images[1,:,:]这样操作，是因为在三维数组中，第一个数代表图像的个数，后两个数代表行和列
# 下面画出原始的图像
```

```
# 对这个扁平化的对象进行遍历
# for i,ax in [*enumerate(axes.flat)]:
#     print(ax)
# 这样可以同时遍历图像和数字
# 创建画布
fig,axes=plt.subplots(4,5,figsize=(8,10),subplot_kw={'xticks':[],'yticks':[]})
# 在画布里面填写内容
for i,ax in enumerate(axes.flat):
# i就是元组里面的序号，ax就是画图的对象
# 对子图画图就是对ax对象进行操作
  ax.imshow(faces.images[i,:,:],cmap='gray')
# 下面开始对我们的特征进行降维处理
# 现在对人脸数据进行降维处理
# 现在降维只要150个特征
pca=PCA(150).fit(x)
# 返回结果是V(k,n)，k就是降维后的特征个数
# v实际上是v(k,n)
v=pca.components_
print(v.shape)
# 注意，此时v是一个新的特征空间，需要乘以原来的特征向量才可以把原来的特征向量映射到新的特征空间，
产生新的特征向量，需要使用transform()进行转换以获取新的特征向量
# k=150
# n=2914
# v其实就是要用来映射的新的向量空间
# v决定了新的特征叫作什么，是什么，代表什么含义
# v*x的结果就是降维后的矩阵
v[0].shape#代表所有图像的特征
# 又重新还原成最初的图像的特征
v[0].reshape(62,47).shape
# 下面对降维后的数据进行可视化
# 对这个扁平化的对象进行遍历
# for i,ax in [*enumerate(axes.flat)]:
#     print(ax)
# 这样可以同时遍历图像和数字

# 创建画布
fig,axes=plt.subplots(3,8,figsize=(8,4),subplot_kw={'xticks':[],'yticks':[]})

# 在画布里面填写内容
for i,ax in enumerate(axes.flat):
# 对子图画图就是对ax对象进行操作
# 这里的i代表第几幅图片
    ax.imshow(v[i,:].reshape(62,47),cmap='gray')
```

比起降维前的数据，新特征空间可视化后的人脸非常模糊，这是因为原始数据还没有被映射到特征空间中。但是，整体比较亮的图片，获取的信息较多；整体比较暗的图片，却只能看见黑漆漆的一块。在比较亮的图片中，眼睛、鼻子、嘴巴都相对清晰，脸的轮廓、头发之类的比较模糊。

这说明新特征空间里的特征向量，大部分是五官和亮度相关的向量，所以新特征向量上的信息肯定大部分是从原数据中和五官与亮度相关的特征中提取出来的。到这里，我们通过可视

化新特征空间V，解释了一部分降维后的特征：虽然显示出来的数字看着不知所云，但画出来的图表示，这些特征是和五官以及亮度有关的。这也再次证明了，PCA能够将原始数据集中重要的数据进行聚集。

6.4　本　章　小　结

　　本章主要讲解了数据降维的相关基础理论及实战应用，主要包括3部分：数据降维概述、PCA的理论及应用、SVD的理论及应用。本章主要是为数据模型训练之前的数据预处理夯实基础，帮助读者理解实际应用中降低维度对机器学习效果的重要作用，并能够运用sklearn库来实现典型降维算法模型的实战。

第 7 章
聚类算法及应用

聚类（Cluster）分析又称群分析，它是研究（样品或指标）分类问题的一种统计分析方法，同时也是数据挖掘的一个重要算法。聚类分析是由若干模式（Pattern）组成的。通常，模式是一个度量（Measurement）的向量，或者是多维空间中的一个点。聚类分析以相似性为基础，在一个聚类的模式之间，比不在同一聚类的模式之间具有更多的相似性。聚类分析的算法可以分为划分法（Partitioning Methods）、层次法（Hierarchical Methods）、基于密度的方法（Density-based Methods）。这其中最经典的算法就是K-Means算法，这是最常用的聚类算法。另外，本章还将探讨高斯混合聚类、谱聚类两种算法及应用。

本章主要知识点：

❖ 聚类理论基础
❖ K-Means聚类的理论及应用
❖ 高斯混合聚类的理论及应用
❖ 谱聚类的理论及应用

7.1　聚类理论基础

俗语说，"物以类聚，人以群分"。当有一个分类指标时，分类就比较容易。但是当有多个分类指标时，要进行分类就不是很容易了。例如，要想把中国的县分成若干类，可以按照自然条件来分，考虑降水、土地、日照、湿度等各方面；也可以按照收入、教育水准、医疗条件、基础设施来分类。对于多指标分类，由于不同的指标项的重要程度或依赖关系是互不相同的，因此不能用平均的方法，因为这样会忽视相对重要的问题。所以需要进行多元分类，即聚类分析。最早的聚类分析是由考古学家在对考古分类的研究中发展起来的，同时又应用于昆虫的分类中，此后又广泛地应用在天气、生物等方面。对于一个数据，人们既可以对变量（指标）进行分类（相当于对数据中的列分类），也可以对观测值（事件、样品）来分类（相当于对数据中的行分类）。

聚类是为了分析出数据的相同特性，或样本之间具有的一定的相似性，即每个不同的数据或样本可以被一个统一的形式描述出来，而不同的聚类群体之间则没有此项特性。

聚类与分类有着本质的区别：聚类属于无监督学习，没有特定的规则和区别；分类属于有监督学习，即有特定的目标或者明确的区别，人为可分辨。

聚类算法在工作前并不知道结果如何，不知道最终会将数据集或样本划分成多少个聚类集，每个聚类集之间的数据有何种规则。聚类的目的在于发现数据或样本属性之间的规律，可以通过何种函数关系式进行表示。

聚类的要求是同一聚类集之间相似性最大，而不同聚类集之间相似性最小。机器学习中常用的聚类方法主要是K-Means聚类、高斯混合聚类和谱聚类等，本章将详细讲解这3种聚类方法的理论及应用实战。

7.2　K-Means 聚类

本节主要介绍K-Means聚类的相关理论及其应用。

7.2.1　K-Means算法理论

K-Means算法属于基于划分的聚类算法，是最经典的聚类算法。所谓基于划分方法指的是给定一个有N个元组或者记录的数据集，用分裂法构造K个分组，每一个分组就代表一个聚类，$K<N$。这K个分组必须满足下列条件：

（1）每一个分组至少包含一个数据记录。

（2）每一个数据记录属于且仅属于一个分组（注意：这个要求在某些模糊聚类算法中可以放宽）。

对于给定的K，算法首先给出一个初始的分组方法，以后通过反复迭代的方法改变分组，使得每一次改进之后的分组方案都较前一次好，而好的标准就是：同一分组中的记录越近越好，而不同分组中的记录越远越好。使用这个基本思想的算法有K-Means算法、K-Medoids算法、CLARANS算法。

K-Means算法接收输入量k，然后将n个数据对象划分为k个聚类，以便使得所获得的聚类满足：同一聚类中的对象相似度较高，而不同聚类中的对象相似度较小。聚类相似度是利用各聚类中对象的均值所获得的一个"中心对象"（引力中心）来进行计算的。

K-Means算法的工作过程说明如下：首先从n个数据对象中任意选择k个对象作为初始聚类中心；而对于所剩下的其他对象，则根据它们与这些聚类中心的相似度（距离），分别将它们分配给与其最相似的（聚类中心所代表的）聚类；然后计算每个所获新聚类的聚类中心（该聚类中所有对象的均值）；不断重复这一过程，直到标准测度函数开始收敛为止。一般采用均方差作为标准测度函数。k个聚类具有以下特点：各聚类本身尽可能地紧凑，而各聚类之间尽可能地分开。

衡量样本点到聚类中心的相似度，一般是基于距离方式进行计算。欧几里得相似度计算是一种基于样本点之间的直线距离的计算方式。在相似度计算中，不同的样本点可以定义为不同的坐标点，而特定目标定位坐标原点。使用欧几里得距离计算两个点之间的绝对距离，公式如下：

$$d = \sqrt{(x_1 - x_2)^2 + (y_1 - y_2)^2}$$

机器学习中K-Means在工作时设定了最大的迭代次数，因此一般在运行的时候达到设定的最大迭代次数就停止迭代。

K-Means由于其算法设计的一些基本理念，在处理数据时效率不高。机器学习充分利用了Spark框架的分布式计算的便捷性，设计了一个包含K-Means++方法的并行化变体，称为K-MeansII，进而提高了运算效率。

K-Means算法的结果好坏依赖于对初始聚类中心的选择，容易陷入局部最优解，对K值的选择没有准则可依循，对异常数据较为敏感，只能处理数值属性的数据，聚类结构可能不平衡。

7.2.2　K-Means算法实战

1. 算法实现

首先，导入一些实现K-Means算法所需要的包，以及绘图所需要的模块，代码如下：

```
import warnings
warnings.filterwarnings("ignore")
import random
from sklearn import datasets
import numpy as np
import matplotlib.pyplot as plt
from mpl_toolkits.mplot3d import Axes3D
%matplotlib inline
```

然后，通过定义函数的方式，对数据集X进行标准化，对单个样本以及数据集中所有样本的欧几里得距离的平方进行计算，代码如下：

```
def normalize(X, axis=-1, p=2):
    lp_norm = np.atleast_ld(np.linalg.norm(X, p, axis))
    lp_norm[lp_norm == 0] = 1
return X/np.expand_dims(lp_norm, axis)
def euclidean_distance(one_sample,X):
    one_sample = one_sample.reshape(1,-1)
    X = X.reshape(X.shape[0],-1)
    distances = np.power(np.tile(one_sample,(X.shape[0],1)) - X,2).sum(axis = 1)
    return distances
```

接着，实现K-Means算法，代码如下：

```
class Kmeans():
    """Kmeans聚类算法
    Parameters:
    -----------
    k: int
```

```
        聚类的数目
    max_iterations: int
        最大迭代次数
    varepsilon: float
        判断是否收敛，如果上一次的所有k个聚类中心与本次的所有k个聚类中心的差都小于varepsilon，
则说明算法已经收敛
    """
    def __init__(self, k=2, max_iterations=500, varepsilon=0.0001):
        self.k = k
        self.max_iterations = max_iterations
        self.varepsilon = varepsilon


    # 从所有样本中随机选取self.k样本作为初始的聚类中心
    def init_random_centroids(self, X):
        n_samples, n_features = np.shape(X)
        centroids = np.zeros((self.k, n_features))
        for i in range(self.k):
            centroid = X[np.random.choice(range(n_samples))]
            centroids[i] = centroid
        return centroids


    # 返回距离该样本最近的一个中心索引[0, self.k)
    def _closest_centroid(self, sample, centroids):
        distances = euclidean_distance(sample, centroids)
        closest_i = np.argmin(distances)
        return closest_i


    # 将所有样本进行归类，归类规则就是将样本归类到与其最近的中心
    def create_clusters(self, centroids, X):
        n_samples = np.shape(X)[0]
        clusters = [[] for _ in range(self.k)]
        for sample_i, sample in enumerate(X):
            centroid_i = self._closest_centroid(sample, centroids)
            clusters[centroid_i].append(sample_i)
        return clusters


    # 对中心进行更新
    def update_centroids(self, clusters, X):
        n_features = np.shape(X)[1]
        centroids = np.zeros((self.k, n_features))
        for i, cluster in enumerate(clusters):
            centroid = np.mean(X[cluster], axis=0)
            centroids[i] = centroid
        return centroids


    # 将所有样本进行归类，其所在类别的索引就是类别标签
    def get_cluster_labels(self, clusters, X):
        y_pred = np.zeros(np.shape(X)[0])
        for cluster_i, cluster in enumerate(clusters):
            for sample_i in cluster:
                y_pred[sample_i] = cluster_i
```

```
        return y_pred

    # 对整个数据集X进行Kmeans聚类，返回其聚类的标签
    def predict(self, X):
        #从所有样本中随机选取self.k样本作为初始的聚类中心
        centroids = self.init_random_centroids(X)
        #迭代直到算法收敛(上一次的聚类中心和这一次的聚类中心几乎重合)或者达到最大迭代次数
        for _ in range(self.max_iterations):
            # 将所有样本进行归类，归类规则就是将样本归类到与其最近的中心
            clusters = self.create_clusters(centroids, X)
            former_centroids = centroids
            # 计算新的聚类中心
            centroids = self.update_centroids(clusters, X)
            # 如果聚类中心几乎没有变化，说明算法已经收敛，退出迭代
            diff = centroids - former_centroids
            if diff.any() < self.varepsilon:
                break
        return self.get_cluster_labels(clusters, X)
```

上述代码中，K值代表聚类数目，max_iterations代表最大迭代次数；varepsilon则是判断是否收敛的参数，如果上一次的所有k个聚类中心与本次的所有k个聚类中心的差都小于该参数，则说明算法已经收敛。定义init_random_centroids用于从所有样本中随机选取self.k样本作为初始的聚类中心。定义_closest_centroid用于返回距离样本最近的一个中心索引。使用create_clusters将所有样本进行归类，归类的方法就是将该样本归类到与其最近的中心。

对中心进行更新，将所有样本进行归类，其所在类别的索引就是类别的标签。Predict函数对整个数据集X进行K-Means聚类，返回聚类的标签。从所有样本中随机选取self.k样本作为初始的聚类中心，然后进行迭代，直到算法收敛(上一次的聚类中心和这一次的聚类中心几乎重合)或者达到最大迭代次数。将所有样本进行归类，归类规则就是将样本归类到与其最近的中心。计算新的聚类中心，如果聚类中心几乎没有变化，说明算法已经收敛，最后退出迭代。

下面对参数进行配置，使用K-Means算法进行聚类，并进行可视化聚类效果展示的准备，最后进行输出可视化。代码如下：

```
def main():
    # 加载数据集
    X, y = datasets.make_blobs(n_samples=10000,
                               n_features=3,
                               centers=[[3,3, 3], [0,0,0], [1,1,1], [2,2,2]],
                               cluster_std=[0.2, 0.1, 0.2, 0.2],
                               random_state =9)
    # 用Kmeans算法进行聚类
    clf = Kmeans(k=4)
    y_pred = clf.predict(X)
    # 可视化聚类效果
    fig = plt.figure(figsize=(12, 8))
    ax = Axes3D(fig, rect=[0, 0, 1, 1], elev=30, azim=20)
    plt.scatter(X[y==0][:, 0], X[y==0][:, 1], X[y==0][:, 2])
    plt.scatter(X[y==1][:, 0], X[y==1][:, 1], X[y==1][:, 2])
    plt.scatter(X[y==2][:, 0], X[y==2][:, 1], X[y==2][:, 2])
```

```
plt.scatter(X[y==3][:, 0], X[y==3][:, 1], X[y==3][:, 2])
plt.show()
```

运行结果如图7-1所示。

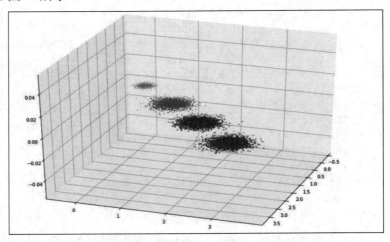

图 7-1　K-Means 聚类结果

2. K-Means聚类的实践

本次实践使用的数据一共有5列，分别对应名称、卡路里含量、钠含量、酒精含量以及价格。要求对这些数据进行一个基础的聚类任务。首先读取数据，代码如下：

```
import pandas as pd
beer = pd.read_csv('./data.txt',sep=' ')
beer.head(10)
```

显示的前10条记录如图7-2所示。

	name	calories	sodium	alcohol	cost
0	Budweiser	144	15	4.7	0.43
1	Schlitz	151	19	4.9	0.43
2	Lowenbrau	157	15	0.9	0.48
3	Kronenbourg	170	7	5.2	0.73
4	Heineken	152	11	5.0	0.77
5	Old_Milwaukee	145	23	4.6	0.28
6	Augsberger	175	24	5.5	0.40
7	Srohs_Bohemian_Style	149	27	4.7	0.42
8	Miller_Lite	99	10	4.3	0.43
9	Budweiser_Light	113	8	3.7	0.40

图 7-2　显示前 10 条记录

对聚类输入X，输入所有特征进行构建，取出calories、sodium、alcohol、cost 4列，代码如下：

```
X = beer[["calories","sodium","alcohol","cost"]]
```

导入K-Means算法，首先需要实例化对象。n_clusters参数对应的是聚类的堆数，km是使用3个堆去做聚类，km2则是使用两个堆去做聚类，可以通过km.labels查看结果。代码如下：

```
from sklearn.cluster import KMeans
km = KMeans(n_clusters=3).fit(X)
km2 = KMeans(n_clusters=2).fit(X)
```

按照堆进行聚类后，会根据不同配置分成不同的堆，cluster会分成3个簇，而cluster2会分成两个簇，代码如下：

```
beer['cluster'] = km.labels_
beer['cluster2'] = km2.labels_
beer.sort_values('cluster')
```

两个不同聚类的结果如表7-1所示。

表7-1　不同聚类的结果

name	calories	sodium	alcohol	cost	cluster	cluster2
9	Budweiser_Light	113	8	3.7	0.40	0
11	Coors_Light	102	15	4.1	0.46	0
8	Miller_Lite	99	10	4.3	0.43	0
19	Schlitz_Light	97	7	4.2	0.47	0
4	Heineken	152	11	5.0	0.77	1
5	Old_Milwaukee	145	23	4.6	0.28	1
6	Augsberger	175	24	5.5	0.40	1
7	Srohs_Bohemian_Style	149	27	4.7	0.42	1
2	Lowenbrau	157	15	0.9	0.48	1
10	Coors	140	18	4.6	0.44	1
1	Schlitz	151	19	4.9	0.43	1
12	Michelob_Light	135	11	4.2	0.50	1
13	Becks	150	19	4.7	0.76	1
14	Kirin	149	6	5.0	0.79	1
16	Hamms	139	19	4.4	0.43	1
17	Heilemans_Old_Style	144	24	4.9	0.43	1
3	Kronenbourg	170	7	5.2	0.73	1
0	Budweiser	144	15	4.7	0.43	1
18	Olympia_Goled_Light	72	6	2.9	0.46	2
15	Pabst_Extra_Light	68	15	2.3	0.38	2

提取出groupby之后产生的中心点，用于之后的作图。导入Matplotlib库，指定字体大小以及颜色，并进行图像的绘制。普通的点为散点，中心点做特殊标记。代码如下：

```
%matplotlib inline
import matplotlib.pyplot as plt
plt.rcParams['font.size'] = 14
mport numpy as np
colors = np.array(['red', 'green', 'blue', 'yellow'])
```

```
    plt.scatter(beer["calories"], beer["alcohol"],c=colors[beer["cluster"]])
    plt.scatter(centers.calories, centers.alcohol, linewidths=3, marker='+', s=300,
c='black')
    plt.xlabel("Calories")
    plt.ylabel("Alcohol")
```

运行结果如图7-3所示。

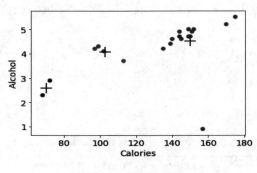

图 7-3　聚类结果

数据一共有4个维度，可以通过两两结合的方式查看。通过散点图与柱状图相结合的方式进行可视化，X轴有4个属性，Y轴有4个属性，柱状图为自身的分布，散点图为不同维度的聚类结果。代码如下：

```
    from pandas.plotting import scatter_matrix
    scatter_matrix(beer[["calories","sodium","alcohol","cost"]],s=100, alpha=1,
c=colors[beer["cluster"]], figsize=(10,10))
    plt.suptitle("With 3 centroids initialized")
```

运行结果如图7-4所示。

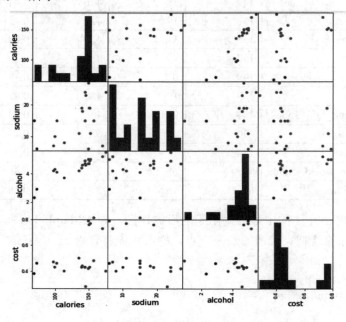

图 7-4　结果可视化

接下来先进行数据的标准化，再使用标准化完的数据进行K-Means聚类。导入标准化的工具，对X进行标准化的操作，消除数值之间的差异性，代码如下：

```python
from sklearn.preprocessing import StandardScaler
scaler = StandardScaler()
X_scaled = scaler.fit_transform(X)
X_scaled
```

运行结果为：

```
array([[ 0.38791334,  0.00779468,  0.43380786, -0.45682969],
       [ 0.6250656 ,  0.63136906,  0.62241997, -0.45682969],
       [ 0.82833896,  0.00779468, -3.14982226, -0.10269815],
       [ 1.26876459, -1.23935408,  0.90533814,  1.66795955],
       [ 0.65894449, -0.6157797 ,  0.71672602,  1.95126478],
       [ 0.42179223,  1.25494344,  0.3395018 , -1.5192243 ],
       [ 1.43815906,  1.41083704,  1.1882563 , -0.66930861],
       [ 0.55730781,  1.87851782,  0.43380786, -0.52765599],
       [-1.1366369 , -0.7716733 ,  0.05658363, -0.45682969],
       [-0.66233238, -1.08346049, -0.5092527 , -0.66930861],
       [ 0.25239776,  0.47547547,  0.3395018 , -0.38600338],
       [-1.03500022,  0.00779468, -0.13202848, -0.24435076],
       [ 0.08300329, -0.6157797 , -0.03772242,  0.03895447],
       [ 0.59118671,  0.63136906,  0.43380786,  1.88043848],
       [ 0.55730781, -1.39524768,  0.71672602,  2.0929174 ],
       [-2.18688263,  0.00779468, -1.82953748, -0.81096123],
       [ 0.21851887,  0.63136906,  0.15088969, -0.45682969],
       [ 0.38791334,  1.41083704,  0.62241997, -0.45682969],
       [-2.05136705, -1.39524768, -1.26370115, -0.24435076],
       [-1.20439469, -1.23935408, -0.03772242, -0.17352445]])
```

使用标准化后的数据进行重新聚类，并通过图像进行查看，代码如下：

```python
km = KMeans(n_clusters=3).fit(X_scaled)
beer["scaled_cluster"] = km.labels_
beer.sort_values("scaled_cluster")
scatter_matrix(X, c=colors[beer.scaled_cluster], alpha=1, figsize=(10,10), s=100)
plt.show()
```

运行结果如图7-5所示。可以发现，聚类的结果与之前有所不同。

3. 聚类评估

通过轮廓系数来对聚类的结果进行评估，需要计算样本 i 到同簇其他样本的平均距离 a_i。a_i 越小，说明样本i越应该被聚类到该簇。a_i 称为样本i的簇内不相似度。此外，还需要计算样本 i 到其他某簇 C_j 的所有样本的平均距离 b_{ij}，b_{ij} 称为样本 i 与簇 C_j 的不相似度。b_i 定义为样本i 的簇间不相似度：$b_i = \min\{b_{i1}, b_{i2}, \cdots, b_{ik}\}$。

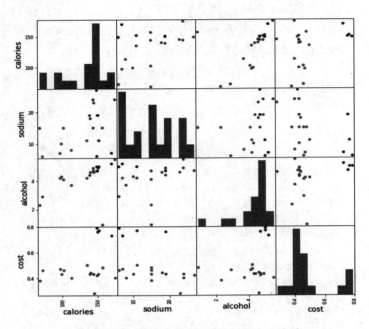

图 7-5   标准化后的数据的聚类可视化结果

导入评估所需使用的模块，传入数据以及聚类之后的结果，分别评估标准化与未标准化的聚类结果，代码如下：

```
from sklearn import metrics
score_scaled = metrics.silhouette_score(X,beer.scaled_cluster)  #数据标准化的轮廓系数
score = metrics.silhouette_score(X,beer.cluster)                #原始数据的轮廓系数
print(score_scaled, score)
```

运行结果为：0.1797806808940007 0.6731775046455796。

数据显示，在本次实验中，未做数据标准化的结果更好。

下面计算得分值，遍历K值。计算2~20的K值对得分的影响，代码如下：

```
scores = []
for k in range(2,20):
    labels = KMeans(n_clusters=k).fit(X).labels_
    score = metrics.silhouette_score(X, labels)
    scores.append(score)
scores
```

运行结果为：

```
[0.6917656034079486,
 0.6731775046455796,
 0.5857040721127795,
 0.422548733517202,
 0.4559182167013377,
 0.43776116697963124,
 0.38946337473125997,
 0.39746405172426014,
 0.3915697409245163,
```

```
    0.32472080133848924,
    0.3459775237127248,
    0.31221439248428434,
    0.30707782144770296,
    0.31834561839139497,
    0.2849514001174898,
    0.23498077333071996,
    0.1588091017496281,
    0.08423051380151177]
```

从结果中可以看出K为2时，最为合适。

接下来，将轮廓系数的得分值做成可视化图表，更加直观地观察不同簇对聚类的影响，代码如下：

```
plt.plot(list(range(2,20)), scores)
plt.xlabel("Number of Clusters Initialized")
plt.ylabel("Sihouette Score")
```

运行结果如图7-6所示。

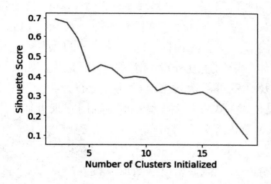

图 7-6 轮廓系数得分值可视化图表

7.3 高斯混合聚类

本节主要介绍高斯混合聚类的相关理论及其应用。

7.3.1 高斯聚类理论

介绍高斯聚类之前，先来看看高斯分布，即我们熟悉的正态分布。正态分布是一个在数学、物理及工程等领域都应用得非常广泛的概率分布，在统计学的许多方面有着重大的影响力。

正态分布的特点：

- **集中性**：正态曲线的高峰位于正中央，即均数所在的位置。
- **对称性**：正态曲线以均数为中心，左右对称，曲线两端永远不与横轴相交。
- **均匀变动性**：正态曲线由均数所在处开始，分别向左右两侧逐渐均匀下降。

若随机变量X服从一个数学期望为μ、方差为σ^2的正态分布，记为$X \sim N(\mu, \sigma^2)$。其中期望值μ决定了其位置，标准差σ决定了分布的幅度。当$\mu = 0$、$\sigma = 1$时，分布是标准正态分布，如图7-7所示。

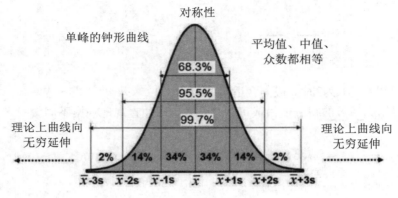

图 7-7   标准正态分布

正态分布有极其广泛的实用背景，生产与科学实验中很多随机变量的概率分布都可以近似地用正态分布来描述。例如，在生产条件不变的情况下，产品的强力、抗压强度、口径、长度等指标；同一种生物体的身长、体重等指标；同一种种子的重量；测量同一物体的误差；某个地区的年降水量；理想气体分子的速度分量；等等。一般来说，如果一个量是由许多微小的独立随机因素影响的结果，那么就可以认为这个量具有正态分布（见中心极限定理）。从理论上看，正态分布具有很多良好的性质，许多概率分布可以用它来近似；还有一些常用的概率分布是由它直接导出的，例如对数正态分布、t分布、F分布等。

高斯模型有单高斯模型（SGM）和高斯混合模型（GMM）两种。单高斯模型也就是我们平时所说的高斯分布（正态分布），概率密度函数服从图7-7的正态分布的模型叫作单高斯模型。

混合高斯模型聚类和K-Means聚类其实是十分相似的，区别仅仅在于对GMM来说，引入了概率。说到这里，先补充一点东西。统计学习的模型有两种，一种是概率模型，一种是非概率模型。所谓概率模型，就是指我们要学习的模型的形式是$P(Y|X)$，这样在分类的过程中，通过未知数据X可以获得Y取值的一个概率分布，也就是训练后模型得到的输出不是一个具体的值，而是一系列值的概率（对应于分类问题来说，就是对应于各个不同的类的概率），然后我们可以选取概率最大的那个类作为判决对象（软分配，Soft Assignment）。而非概率模型，就是指我们学习的模型是一个决策函数$Y=f(X)$，无论输入数据X是多少，都可以投影得到唯一的一个Y，就是判决结果（硬分类，Hard Assignment）。

回到GMM。GMM是一种用于对数据集的概率密度分布进行估计的统计模型。在训练过程中，我们试图通过训练出多个高斯分布来逼近数据的概率密度分布。这些高斯分布的集合被称为混合高斯模型，每个高斯分布代表一个类别（或者簇）。当我们有一个新的样本时，可以将该样本投影到每个高斯模型上，得到它在每个类别上的概率。然后，我们可以选择具有最大概率的类别作为判决结果，即将该样本归类到概率最大的类别中。需要注意的是，在使用GMM进行分类时，首先需要在模型训练之前明确地设定所需的高斯模型数量。这可以通过领域知识、经验或者通过使用其他方法（如信息准则或交叉验证）进行模型选择来确定。

得到概率有什么好处呢？用一个例子来说明。当你在路边发现一只狗的时候，可能光看外形觉得像邻居家的狗，又有一点点像女朋友家的狗，你很难判断。从外形上看，用软分类的方法，是女朋友家的狗的概率为51%，是邻居家的狗的概率是49%，在一个易混淆的区域内，这时你可以再用其他办法来区分到底是谁家的狗。而如果是硬分类的话，你所判断的就是女朋友家的狗，没有"多像"这个概念，所以不方便多模型的融合。

从中心极限定理的角度上看，把混合模型（Mixture Model）假设为高斯的是比较合理的，当然也可以根据实际数据定义成任何分布的混合模型，不过定义为高斯的在计算上有一些方便之处。另外，理论上可以通过增加模型的个数，用GMM近似任何概率分布。

混合高斯模型的定义为：

$$p(x) = \sum_{k=1}^{K} \pi_k p(x \mid k)$$

其中K为模型的个数，π_k为第k个高斯的权重，则为第k个高斯的概率密度函数，其均值为μ_k，方差为σ_k。我们对此概率密度的估计就是要求出π_k、μ_k和σ_k各个变量。当求出表达式后，求和式的各项结果就分别代表样本x属于各个类的概率。

在做参数估计的时候，常采用的方法是最大似然。最大似然法就是使样本点在估计的概率密度函数上的概率值最大。由于概率值一般都很小，N很大的时候这个连乘的结果非常小，容易造成浮点数下溢。因此我们通常取log，将目标改写成：

$$\max \sum_{i=1}^{N} \log p(x_i)$$

也就是最大化对数似然函数（log-likelyhood function），完整形式则为：

$$\max \sum_{i=1}^{N} \log \left(\sum_{k=1}^{K} \pi_k N(x_i \mid \mu_k, \sigma_k) \right)$$

一般用来做参数估计的时候，我们都是通过对待求变量进行求导来求极值，在上式中，log函数中又有求和，用求导的方法计算的话方程组将会非常复杂，所以不使用该方法求解（没有闭合解）。可以采用EM算法求解，将求解分为两步：第一步是假设我们知道各个高斯模型的参数（可以初始化一个，或者基于上一步迭代结果），以此估计每个高斯模型的权值；第二步是基于估计的权值，回过头再去确定高斯模型的参数。重复这两个步骤，直到波动很小，近似达到极值（注意，这里是极值，不是最值，EM算法会陷入局部最优）。

7.3.2　高斯混合聚类应用

sklearn提供了GaussianMixture对象实现了用于拟合高斯混合模型的期望最大化（EM）算法。它还可以为多元模型绘制置信椭圆体（Confidence Ellipse），并计算贝叶斯信息准则，以评估数据中的聚类数量。GaussianMixture.fit可以从训练数据中拟合出一个高斯混合模型。在给定测试数据的情况下，使用GaussianMixture.predict方法可以为每个样本分配最适合它的高斯分布模型。

高斯混合模型聚类是一种基于统计学的聚类方法，适用于处理数据集中存在多个不同的分布的情况。下面通过一个例子来介绍如何使用高斯混合模型聚类。

假设有一个二维数据集，其中包含两个不同的分布。我们可以使用Python中的sklearn库来实现高斯混合模型聚类。首先，导入相关的库和数据集：

```python
import numpy as np
import matplotlib.pyplot as plt
from sklearn.mixture import GaussianMixture
# 生成数据集
np.random.seed(0)
X = np.concatenate([np.random.randn(100, 2) * 0.5 + [2, 2],
np.random.randn(300, 2) * 0.5 + [-2, -2],
np.random.randn(500, 2) * 0.5 + [-2, 2],
np.random.randn(200, 2) * 0.5 + [2, -2]])
```

接下来，定义一个高斯混合模型，并使用数据集进行拟合：

```python
# 定义高斯混合模型
gmm = GaussianMixture(n_components=2, random_state=0)
# 使用数据拟合模型
gmm.fit(X)
```

然后，使用训练好的模型来对数据进行聚类，并可视化聚类结果：

```python
# 对数据进行聚类
y_pred = gmm.predict(X)
# 可视化聚类结果
plt.scatter(X[:, 0], X[:, 1], c=y_pred, s=10, cmap='viridis')
plt.show()
```

运行结果如图7-8所示。

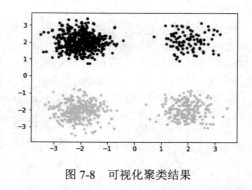

图 7-8   可视化聚类结果

通过以上步骤，我们就成功地使用高斯混合模型聚类方法，对包含多个不同分布的二维数据集进行了聚类。

7.4 谱 聚 类

谱聚类（Spectral Clustering）是一种基于图论的聚类方法，通过对样本数据的拉普拉斯矩阵的特征向量进行聚类。其基础理论比较难，本节将简单介绍其基本理论和使用示例。

7.4.1　谱聚类理论基础

谱聚类是最近聚类研究的一个热点，是建立在图论理论上的一种新的聚类算法。谱聚类基于谱图原理，根据数据集的相似度矩阵进行聚类，它具有更强的数据分布适应性。

1）计算相似度矩阵

谱聚类思想为将带权无向图划分为两个或两个以上的最优子图，要求子图内尽量相似而不同子图间距离尽量较远，以达到每个子图构成一个聚类的目的。在无向图中，对于点1和点2，我们可以定义两点之间的距离为w，从而构建相似度矩阵$\boldsymbol{W}$。

这里相似度最常见的为欧几里得距离，也可以使用高斯核函数、余弦相似度等计算相似度。

2）计算度矩阵

度是图论中的概念，也就是矩阵行或者列的元素之和。

3）计算拉普拉斯矩阵

谱聚类基于相似度矩阵与度矩阵构造拉普拉斯（Laplace）矩阵，通过特征值计算评估不同数据的相似度。这里可以理解为将原始数据嵌入由相似度矩阵映射出来的低维子空间，然后直接通过常规的聚类算法得到聚类结果。公式如下：

$$L = D^{-1}W$$

其中$\boldsymbol{D}$为度矩阵，$\boldsymbol{W}$为相似度矩阵。后续涉及特征值与特征向量的计算，通过对特征向量使用类似K-Means的算法衡量相似度并按照K进行聚类。

谱聚类演化于图论，因其表现出的优秀性能而被广泛应用于聚类中，对比其他无监督聚类（如K-Means），谱聚类的优点主要有以下几点：

- 过程对数据结构并没有太多的假设要求，如K-Means则要求数据为凸集。
- 可以通过构造稀疏相似性图（Similarity Graph），使得对于更大的数据集表现出明显优于其他算法的计算速度。
- 由于谱聚类是对图进行切割处理，因此不会存在像K-Means聚类时将离散的小簇聚合在一起的情况。
- 无须像GMM一样对数据的概率分布做假设。

同样，谱聚类也有自己的缺点，主要存在于构图步骤，具体如下：

- 对于不同的相似性图的选择比较敏感（如Epsilon Neighborhood、K邻近算法、全连接等）。
- 对于参数的选择也比较敏感（如Epsilon Neighborhood的Epsilon、K邻近算法的K等）。

谱聚类过程主要有两步：

第一步是构图，将采样点数据构造成一张网图，表示为$G(V, E)$，V表示图中的点，E表示点与点之间的边，如图7-9所示。

第二步是切图，即将第一步构造出来的图按照一定的切边准则，切分成不同的图，而不同的子图即为对应的聚类结果，示例如图7-10所示。

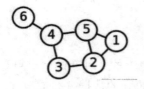

图 7-9　构造网图

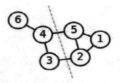

图 7-10　切图

总的来说，它的主要思想是把所有的数据看作空间中的点，这些点之间可以用边连接起来。距离较远的两个点之间的边，权重值较低；而距离较近的两个点之间的边，权重值较高。通过对所有数据点组成的图进行切图，让切图后不同的子图间边权重和尽可能低，而子图内的边权重和尽可能高，从而达到聚类的目的。

最常用的相似矩阵的生成方式是基于高斯核距离的全连接方式，最常用的切图方式是Ncut，切图之后常用的聚类方法为K-Means。

7.4.2　谱聚类应用实战

1. sklearn谱聚类概述

在sklearn的类库中，sklearn.cluster.SpectralClustering实现了基于Ncut的谱聚类，没有实现基于RatioCut的切图聚类。同时，对于相似矩阵的建立，也只是实现了基于K邻近法和全连接法的方式，没有基于ε邻近法（Epsilon Neighborhood）的相似矩阵。切图之后所采用的聚类方法可以选择K-Means和discretize两种。

对谱聚类的参数，主要需要调参的是相似矩阵建立相关的参数和聚类类别数目，它们对聚类的结果有很大的影响。当然，其他的一些参数也需要理解，在必要时需要修改默认参数。

2. 谱聚类重要参数与调参注意事项

下面就对谱聚类的重要参数做一个介绍，同时也会介绍调参的注意事项。

（1）n_clusters：代表在对谱聚类切图时降维到的维数，同时也是聚类算法聚类到的维数。也就是说sklearn中的谱聚类将这两个参数统一到了一起，简化了调参的参数个数。虽然这个值是可选的，但是一般还是推荐调参选择最优参数。

（2）affinity：是相似矩阵的建立方式。可以选择的方式有3类，第一类是nearest_neighbors，即K邻近法；第二类是precomputed，即自定义相似矩阵，选择自定义相似矩阵时，需要自己调用set_params来设置相似矩阵；第三类是全连接法，可以使用各种核函数来定义相似矩阵，还可以自定义核函数。最常用的是内置高斯核函数rbf，其他比较流行的核函数有linear（即线性核函数）、poly（即多项式核函数）、Sigmoid（即Sigmoid核函数）。如果选择了这些核函数，对应的核函数参数在后面有单独的参数需要调整。自定义核函数请读者参考相关文献，这里就不多讲了。affinity默认是高斯核rbf。一般来说，相似矩阵推荐使用默认的高斯核函数。

（3）核函数参数gamma：如果在affinity参数中使用了多项式核函数poly、高斯核函数rbf或者Sigmoid核函数，那么就需要对这个参数进行调参。

（4）核函数参数degree：如果在affinity参数中使用了多项式核函数poly，一般需要对这个参数进行调参。

（5）核函数参数coef0：如果在affinity参数中使用了多项式核函数poly或者Sigmoid核函数，那么就需要对这个参数进行调参。

（6）kernel_params：如果在affinity参数中使用了自定义的核函数，则需要通过这个参数传入核函数的参数。

（7）n_neighbors：如果把affinity参数指定为nearest_neighbors，则可以通过这个参数指定K近邻算法的K的个数，默认是10。我们需要根据样本的分布对这个参数进行调参。如果affinity不使用nearest_neighbors，则无须理会这个参数。

（8）eigen_solver：在降维计算特征值特征向量的时候使用的工具。有 None、arpack、lobpcg和amg四种选择。如果样本数不是特别大，则无须理会这个参数，使用None暴力矩阵特征分解即可；如果样本量太大，则需要使用后面的一些矩阵工具来加速矩阵特征分解。它对算法的聚类效果无影响。

（9）eigen_tol：如果eigen_solver使用了arpack，则需要通过eigen_tol指定矩阵分解停止条件。

（10）assign_labels：即最后的聚类方法的选择，有K-Means算法和 discretize算法两种可以选择。一般来说，默认的K-Means算法聚类效果更好。但是由于K-Means算法结果受初始值选择的影响，可能每次都不同，如果需要算法结果可以重现，则可以使用discretize。

（11）n_init：即使用K-Means时用不同的初始值组合跑K-Means聚类的次数，这个和K-Means类里面n_init的意义完全相同，默认是10，一般使用默认值即可。如果n_clusters值较大，则可以适当增大这个值。

从上面的介绍可以看出，需要调参的部分除了最后的类别数n_clusters之外，主要是相似矩阵affinity的选择，以及对应的相似矩阵参数。当我们选定一个相似矩阵构建方法后，调参的过程就是对应的参数交叉选择的过程。对于K邻近法，需要对n_neighbors进行调参；对于全连接法里面最常用的高斯核函数rbf，则需要对gamma进行调参。

3. 谱聚类实例

首先生成500个六维的数据集，分为5个簇。由于是六维，这里就不可视化了，代码如下：

```
import matplotlib.pyplot as plt
from sklearn.datasets import make_blobs
from sklearn.cluster import SpectralClustering
from sklearn import metrics
X, y = make_blobs(n_samples=500, n_features=6, centers=5, cluster_std=[0.4, 0.3,
0.4, 0.3, 0.4], random_state=11)
plt.scatter(X[:, 0], X[:, 1], marker='o')
plt.show()
```

运行结果如图7-11所示。

接下来，查看一下默认的谱聚类的效果，代码如下：

```
y_pred = SpectralClustering().fit_predict(X)
# Calinski-Harabasz Score 14907.099436228204
print("Calinski-Harabasz Score", metrics.calinski_harabaz_score(X, y_pred))
plt.scatter(X[:, 0], X[:, 1], c=y_pred)
plt.show()
```

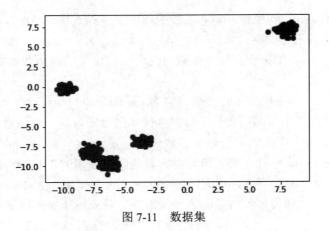

图 7-11　数据集

运行结果如图7-12所示。

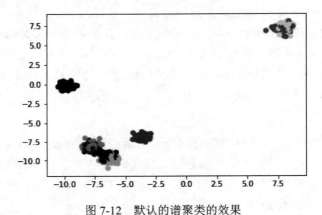

图 7-12　默认的谱聚类的效果

　　由于我们使用的是高斯核，因此需要对 n_clusters 和 gamma 进行调参，选择合适的参数值。代码如下：

```
for i, gamma in enumerate((0.01, 0.1, 1, 10)):
    for j, k in enumerate((3, 4, 5, 6)):
        y_pred = SpectralClustering(n_clusters=k, gamma=gamma).fit_predict(X)
        print("Calinski-Harabasz Score with gamma=", gamma, "n_clusters=", k,
"score:", metrics.calinski_harabaz_score(X, y_pred))
```

运行结果为：

```
Calinski-Harabasz Score with gamma= 0.01 n_clusters= 3 score: 1979.7709609161868
Calinski-Harabasz Score with gamma= 0.01 n_clusters= 4 score: 3154.0184121901602
Calinski-Harabasz Score with gamma= 0.01 n_clusters= 5 score: 23410.63894999139
Calinski-Harabasz Score with gamma= 0.01 n_clusters= 6 score: 19303.734087657893
Calinski-Harabasz Score with gamma= 0.1 n_clusters= 3 score: 1979.7709609161868
Calinski-Harabasz Score with gamma= 0.1 n_clusters= 4 score: 3154.0184121901607
Calinski-Harabasz Score with gamma= 0.1 n_clusters= 5 score: 23410.638949991386
Calinski-Harabasz Score with gamma= 0.1 n_clusters= 6 score: 19427.96189435911
Calinski-Harabasz Score with gamma= 1 n_clusters= 3 score: 450.692778360567
Calinski-Harabasz Score with gamma= 1 n_clusters= 4 score: 120.1243266675767
```

```
Calinski-Harabasz Score with gamma= 1 n_clusters= 5 score: 23410.638949991386
Calinski-Harabasz Score with gamma= 1 n_clusters= 6 score: 633.021945343848
Calinski-Harabasz Score with gamma= 10 n_clusters= 3 score: 42.777268645847606
Calinski-Harabasz Score with gamma= 10 n_clusters= 4 score: 42.40099368087282
Calinski-Harabasz Score with gamma= 10 n_clusters= 5 score: 30.558274478353223
Calinski-Harabasz Score with gamma= 10 n_clusters= 6 score: 47.37991118563843
```

可见最好的n_clusters是5，而最好的高斯核参数是1，或者0.1，或者0.01。

将 n_clusters=5、gamma=0.1 可视化，代码如下：

```
y_pred = SpectralClustering(n_clusters=5, gamma=0.1).fit_predict(X)
plt.scatter(X[:, 0], X[:, 1], c=y_pred)
plt.show()
```

运行结果如图7-13所示。

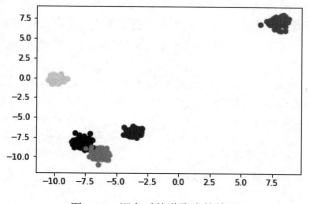

图 7-13　调参后的谱聚类的效果

7.5　本　章　小　结

本章主要讲解了常用的具有代表性的聚类算法的原理及其应用，包括最经典的K-Means算法、高斯混合聚类、谱聚类。读者可以快速基于这3个具有代表性的聚类算法，由点及面地学习其他聚类算法模型。

第 8 章

关联规则挖掘算法及应用

大数据时代，各行各业积累了大量的历史数据，基于这些数据发掘其中的价值，为相关人员提供决策参考十分重要。本章将介绍数据挖掘中关联规则挖掘算法，这也是机器学习的重要算法之一。

本章首先讲解大数据挖掘的理论常识，然后在算法及应用方面重点讲解关联规则挖掘的经典算法Apriori算法和FP树关联规则算法。

本章主要知识点：

❖ 大数据关联规则挖掘理论
❖ 经典Apriori算法理论
❖ FP树算法介绍
❖ 关联规则挖掘实战

8.1 关联规则挖掘算法理论

本节主要介绍关联规则挖掘算法理论。

8.1.1 大数据关联规则挖掘常识

关联规则（Associate Rule）挖掘算法本质就是基于各行各业的大数据进行有价值的规则挖掘，类似于从海量大数据中寻宝的过程。既然是寻宝，我们就先了解一下寻宝须知吧。

1. 大数据背景

不夸张地说，当今是一个数据泛滥的年代，特别是物联网的兴起、移动计算技术的发展、各类传感器等嵌入系统的广泛应用，都使得人类取得的数据量在短时间内激增。这样就积累了大量的历史数据，有的甚至已沉睡多年，这种情况下它们还有价值吗，是不是应该像清空垃圾那样删掉它们？

都知道"以史为鉴"，历史是一面镜子，对人类发展起到辅助和推动作用。不同时期的数据也是一面镜子，虽然不能像历史事件那样直观地反映出某种规律，但是我们稍加分析就会发现，数据中隐含了一些规律或者规则，这对我们来说可能相当有价值。

例如，一个耳熟能详的例子就是沃尔玛超市从顾客的历史购物单数据中发现了一个规律，即在美国超市，购买尿布的年轻的父亲同时可能购买啤酒的概率为40%左右。于是摆放商品的时候，就可以考虑将二者摆放在同一个货架上，引导消费者购物，从而提高销量。其他例子还有国内电商淘宝根据数据分析用户的购买趋向，百度利用大数据分析用户的搜索趋向，等等。

能做到这个从数据中寻找到有价值规则的工具，就是本节将要讲解的经典数据挖掘算法之一——关联规则挖掘算法。

2. 什么是规则

其实"寻宝"就是找寻规则，我们理解的规则就如"如果……，那么……（If…Then…）"，前者为条件，后者为结果。

假设在一个有4000个顾客的购物单数据中，统计出有723人同时购买了冷冻食品和面包，有788人只购买了冷冻食品，那么产生的规则就是：frozen foods=t 788 ==> bread and cake=t 723 conf:(0.92)，表示购买冷冻食品的人中，有92%的人会同时购买面包。

3. 对什么规则我们会感兴趣

按照我们的兴趣度从高到低，分为以下4种情况：

- A经常发生，发生的时候B伴随发生的概率很高。
- A很少出现，但是一旦出现则B出现的概率很高。
- A经常发生，发生的时候B伴随发生的概率一般。
- A很少出现，出现之后B出现的概率一般。

4. 规则对数据的要求

要想得到有价值的规则，有个重要前提就是数据必须是真实的，没有污染的。一般情况下，会针对各个数据库中的数据进行数据抽取，去掉干扰数据（数据表中为null的，或者用户随意填写的，或者不合法的值等），为挖掘规则算法提供基本保障。

关联规则最初提出的动机是针对购物篮分析（Market Basket Analysis）问题。假设分店经理想要深入了解顾客的购物习惯，特别是想知道顾客在一次购物时会同时购买哪些商品？为回答该问题，可以对商店的顾客购物零售数量进行购物篮分析。该分析可以通过发现顾客放入"购物篮"中的不同商品之间的关联分析顾客的购物习惯。这种关联的发现可以帮助零售商了解顾客同时频繁购买的商品有哪些，从而帮助零售商开发更好的营销策略。

8.1.2 经典的Apriori算法

关联规则挖掘在数据挖掘中占有极其重要的地位，是数据挖掘的主要任务之一。关联规则的经典算法是Apriori算法，它是由美国学者Agrawal 等在1993年提出的一种从大规模商业数据中挖掘关联规则的算法。Apriori算法是一种以概率为基础的、具有影响的、挖掘布尔型关联规则频繁项集（Frequent Itemsets）的算法，它已被广泛用于商业决策、社会科学、科学数据处理等数据挖掘领域。

Apriori算法是一种逐层搜索的迭代方法，k-项集用于产生(k+1)-项集。算法步骤如下：

步骤01 每个项都是候选1-项集的集合C_1的成员。算法简单扫描事务数据库中的所有事务，对每个项的出现次数进行计数，这样就得到了候选1-项集的集合C_1。扫描C_1，删除那些出现计数值小于阈值的项集，这样就得到1-频繁项集的集合L_1。

步骤02 为找L_k，通过L_{k-1}与自己进行连接产生候选k-项集的集合，该候选项集的集合就记作C_k。

步骤03 对C_k进行剪枝，从C_k中删除所有(k-1)-子集不在L_{k-1}中的项集。

步骤04 对事务数据库D进行扫描，将每个事务t与C_k中的候选项集c进行比较，若c属于t，则将c的计数值加1（在扫描之前，初始值为0）。扫描C_k，删除那些出现计数值小于给定支持度的项集，这样就得到了k-频繁项集的集合L_k。

步骤05 循环执行 **步骤02** 到 **步骤04**，直到L_k为空。

步骤06 对L_1到L_k取并集，即为最终的频繁集L。

步骤07 为L中的每个1-频繁项集1生成所有非空子集，对于每个非空子集s，如果满足support_count(l) / support_count(s)>=min_conf，则输出规则s->l-s。其中，min_conf是最小置信度域值。

Apriori 算法可以比较有效地产生关联规则，但是也存在算法效率不高的缺陷。Apriori算法的一个缺点就是数据库的扫描次数比较多，并且每次都要扫描一遍整个数据库，这对于海量数据库来说，算法执行的速度是不能接受的；再者，在产生候选k-项集时，需要L_{k-1}与L_{k-1}自身产生连接，然后进行剪枝，效率也不高。

提示 Apriori算法属于候选消除算法，是一个生成候选集，消除不满足条件的候选集，并不断循环直到不再产生候选集的过程。

8.1.3　FP树算法

基于Apriori算法的不足，一个新的关联算法被提出，即FP树（FP-growth）算法。这个算法试图解决多次扫描数据库带来的大量小频繁项集的问题。这个算法在理论上只对数据库进行两次扫描，直接压缩数据库生成一个频繁模式树，从而形成关联规则。它采用了一些技巧，无论多少数据，都只需要扫描两次数据集，因此提高了算法运行的效率。

在具体过程上，FP 树的算法主要由两大步骤完成：

（1）利用数据库中的已有样本数据构建FP树。

（2）建立频繁项集规则。

为了更好地解释 FP 树的建立规则，我们以表 8-1 提供的数据清单为例进行讲解。

表8-1 数据清单

编 号	物 品
T1	鸡肉、果汁
T2	鸡肉、啤酒、尿布
T3	果汁、啤酒、尿布
T4	鸡肉、果汁、啤酒、尿布
T5	鸡肉、果汁、啤酒

FP树算法的第一步就是扫描样本数据库，将样本按递减规则排序，删除小于最小支持度的样本数。这里使用最小支持度3，结果如下：

果汁 4
鸡肉 4
啤酒 4
尿布 3

之后重新扫描数据库，并将样本按上面支持度数据排列，结果如表 8-2 所示。

表8-2 排序后的购物清单

编 号	物 品
T1	果汁、鸡肉
T2	鸡肉、啤酒、尿布
T3	果汁、啤酒、尿布
T4	果汁、鸡肉、啤酒、尿布
T5	果汁、鸡肉、啤酒

提示 表8-1已经对数据进行了重新排序，从T5的顺序可以看出，原来的"鸡肉、果汁、啤酒、可乐"被重排为"果汁、鸡肉、啤酒"，这是第二次扫描数据库，也是FP树算法最后一次扫描数据库。

下面开始构建FP树，将重新生成的表8-2按顺序插入FP树中，如图8-1所示。需要说明的是，Root是空集，用来建立后续的FP树。之后继续插入第二条记录，如图8-2所示。

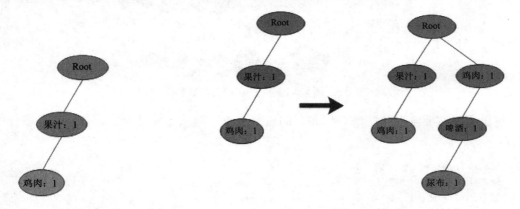

图 8-1 FP-growth 算法流程 1   图 8-2 FP-growth 算法流程 2

在新生成的树中，鸡肉的数量变成2，这样继续生成FP树，可以得到如图8-3所示的完整的FP树。

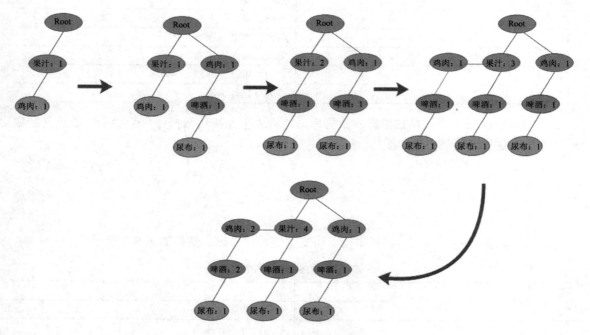

图 8-3　FP-growth 算法流程 3

建立对应的FP树之后，可以开始频繁项集挖掘工程，这里采用逆向路径工程对数据进行归类。首先需要建立的是样本路径，如图8-4所示。

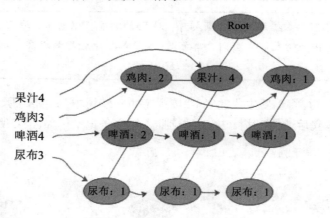

图 8-4　FP-growth 算法流程 4

这里假设需要求取"啤酒、尿布"的包含清单，则从支持度最小项开始，可以获得如下数据：

```
尿布：1，啤酒：2，鸡肉：2
尿布：1，啤酒：1，果汁：4
尿布：1，啤酒：1，鸡肉：1
```

之后在新生成的表中递归查找包含"尿布"的项，完成项目查找并计算相关置信度。FP 树算法改进了Apriori算法的I/O瓶颈，巧妙地利用了树结构。

8.2　关联规则挖掘算法实战

本节将通过实战来进一步演示关联规则挖掘算法。

8.2.1　FP树实战

1. FP树应用场景

FP树和Apriori一样，可以挖掘频繁项集，常用于购物篮的规则提取，也就是挖掘客户购买商品时的关联程度。例如共有10 000个客户购买商品，其中同时购买牛奶和面包的客户有9 000个，那就认为牛奶和面包关联性很大，适合打包销售。

2. FP树原理

FP树是Apriori算法的改进版，只不过Apriori算法是每查找一个量级的频繁项集，都需要遍历整个数据集，而FP树直接将各频繁项集统计出来，并把它们之间的关系以树结构进行存储，从而只通过遍历两次数据集就找出所有的频繁项集。两次遍历中第一次是建立头指针，第二次是建立FP树，从这之后，数据量就大大缩小，只需要通过不停地重复建树过程来查找频繁项集了。

算法步骤如下：

步骤01 处理数据集：因为数据集传进来之后没有任何统计信息，所以先对数据集做一个合并，统计相同数据集的个数。

步骤02 建立头指针：遍历数据集，找出所有的频繁项集，构成头指针，并根据支持度对1-项集排序。

步骤03 建立FP树：定义根节点，遍历数据集，对于每条记录，根据头指针的顺序向树中添加节点。如果记录中上一个节点的子节点中，当前节点已存在，则更新这个子节点的支持度，其值为该子节点支持度+记录支持度；如果节点不存在，则在上一节点中添加当前子节点，并设置支持度为记录支持度。

步骤04 查找条件模式基：根据头指针查找每个1-项集的前缀路径，作为条件模式基，且当前1-项集作为频繁项基。

步骤05 查找频繁项：深度遍历，重复 **步骤02**～**步骤04**。每次查找完成后，将每一层遍历的频繁项基+新的头指针中的频繁1-项集作为频繁项，重复此步骤直到FP树的头指针为空。（查找频繁项的嵌套过程还是有些麻烦的，而且会涉及Python中深复制浅复制的问题，直接阅读代码可能会更明白。）

3. FP-growth代码

自定义由单个英文字母组成的二维数组作为数据集，数据如下：

```
[['r', 'z', 'h', 'j', 'p'],
             ['z', 'y', 'x', 'w', 'v', 'u', 't', 's'],
             ['z'],
             ['r', 'x', 'n', 'o', 's'],
             ['y', 'r', 'x', 'z', 'q', 't', 'p'],
             ['y', 'z', 'x', 'e', 'q', 's', 't', 'm']]
```

基于**FP-growth**算法进行关联规则挖掘的全过程，其实现代码如下：

```python
# -*- coding: utf-8 -*-
import pandas as pd
import numpy as np
from pandas import Series, DataFrame
import matplotlib.pyplot as plt
from sklearn import datasets # 机器学习库
from sklearn.preprocessing import LabelEncoder
from sklearn import tree
from sklearn.cross_validation import train_test_split
import gc
import time
from sklearn.metrics import roc_auc_score
#==============================定义FP树类=========================
'''
#FP树需要的信息：子节点位置、父节点位置、计数、节点的1-项集名称
'''
class FPtreeNode:
    def __init__(self, nameValue, numOccur, parentNode):
        self.nameValue = nameValue
        self.numOccur = numOccur
        self.parentNode = parentNode
        self.sonNode = [] #因为创建节点时，很可能还没有子节点，所以要先把子节点设置成空
#==========读取数据
def read_data(table_str,col_name):
    data = pd.read_csv(table_str,encoding='gbk')
    data.fillna(-1)
    data = data[col_name]
    data = data.iloc[0:100,:]
    for i in col_name:
        data[i] = data[i].apply(lambda x:str(i)+str(x))
    return data
#==========找出频繁1-项集，建立头指针表
'''
步骤1：计算每个集合出现的频率
步骤2：计算每个1-项集出现的频率
'''
#用于读取DataFrame型的数据
def initFreq(data):
    initFreq = {}
    for i in range(data.shape[0]):
        if frozenset(data.iloc[i,:]) in list(initFreq.keys()): # 这样每次都要将字典
key组装成列表，字典可以直接 if key_obj in dict
```

```
                initFreq[frozenset(data.iloc[i,:])] =
initFreq[frozenset(data.iloc[i,:])]+1
            else:
                initFreq[frozenset(data.iloc[i,:])] = 1   #为什么这里用list不行，用
frozenset就可以？因为key值必须是不可修改的类型
        return initFreq


    def initFreq_list(data):
        initFreq = {}
        for i in data:
            if frozenset(i) in initFreq.keys():  # 这样每次都要将字典key组装成列表，字典可
以直接 if key_obj in dict
                initFreq[frozenset(i)] = initFreq[frozenset(i)]+1
            else:
                initFreq[frozenset(i)] = 1  #为什么这里用list不行，用frozenset就可以？因为
key值必须是不可修改的类型
        return initFreq


    def buildHeader(initFreq,minSup):
        headerTable = {}
        #print('!!!!!!!!!!!!!!!!!!!!!!!!!!!!!!!!!!!!!!!',initFreq)
        for i in initFreq:
            #print('i',i)
            for j in i:
                if j in list(headerTable.keys()):
                    headerTable[j] = [headerTable[j][0]+initFreq[i],None]
                else:
                    headerTable[j] = [initFreq[i],None]
        #取满足最小支持度的频繁1-项集
        #这个部分比较棘手，如果直接用列表推导式，总是只能生成由多个列表或字典组合成的列表
        keys = list(headerTable.keys()) #如果不加这句话，就会出现迭代过程中字典大小改变的错误
        for i in keys:
            if headerTable[i][0] < minSup:
                del(headerTable[i])
        headerTable = dict(sorted(headerTable.items(),key=(lambda
x:x[1]),reverse=True))
        return headerTable
    #==================更新头指针，这样找条件模式基的时候才方便===============
    def updateHeader(headerTable,FPtreeNode):
        headerTable[FPtreeNode.nameValue].append(FPtreeNode)


    def UpdateTree(treeNodeListTotal,headerTable,parentNode,currentNodeName,
initNodeNum):
        sonNodeList = {}
        #先把key对应的节点的子节点取出来
        for i in parentNode.sonNode:
            sonNodeList[i.nameValue] = i
        #判断是否已经存在了相邻的子节点，如果有，则直接numOccur+1
        if currentNodeName in sonNodeList.keys():
            sonNodeList[currentNodeName].numOccur =
sonNodeList[currentNodeName].numOccur+1
```

```
            tempNode = sonNodeList[currentNodeName]
        #如果没有，则新增一个节点
        else:
            tempNode = FPtreeNode(currentNodeName,initNodeNum,parentNode)   #这里必须注
意initNodeNum不能直接设为1，否则，当需要创建多个重复节点时，计数就会不对
            parentNode.sonNode.append(tempNode)
            treeNodeListTotal.append(tempNode)
            updateHeader(headerTable,tempNode)
        return tempNode


    def buildFptree(headerTable,data):
        #rootSon = []
        '''
        #建FP树的过程：
        1．逐行读取输入的数据，在头指针表中把这些项集对应的支持度找出来
        2．根据支持度进行排序，依次建立节点
        '''
        treeNodeListTotal = []  #记录整个FP树的结构
        rootNode = FPtreeNode('Null', 1, [])    #定义FP树的根节点
        #print(headerTable)
        for item in data:
            treeNodeList = {}  #用来记录本item中每个节点的指针
            treeTable = {}   #因为对于每个item，都应该是一个新的table，所以不在for循环外面定义
            for i in headerTable.keys():
                if i in item:
                    treeTable[i] = headerTable[i][0]
            #print(treeTable)
            #对于treeTable中的每个节点，逐步建立树，先判断是否为首个节点，再判断是需要新建节点，
还是+1
            #如果是首个节点，则判断根节点的子节点中是否有它，如果不是，则判断上一个节点的子节点中是
否有它
            for i in range(len(treeTable.keys())):
                keyList = list(treeTable.keys())
                if i==0:
                    treeNodeList[keyList[i]] = UpdateTree(treeNodeListTotal,
headerTable,rootNode,keyList[i],data[item])
                else:
                    treeNodeList[keyList[i]] = UpdateTree(treeNodeListTotal,
headerTable,treeNodeList[keyList[i-1]],keyList[i],data[item])
            #检查建树过程

            #print(treeNodeList)
    #        for i in treeNodeList.keys():
    #            print('打印建树过程',data,item,treeNodeList[i].nameValue,
treeNodeList[i].numOccur,treeNodeList[i].parentNode)
    #    for i in treeNodeListTotal:
    #        print('FP树节点打印',i.nameValue,i.numOccur,i.parentNode)
        return treeNodeListTotal

    #寻找前缀路径
    def findParent(node,path):
```

```
        if node.parentNode!=None and node.parentNode.nameValue!='Null':
            path.append(node.parentNode.nameValue)
            findParent(node.parentNode,path)
        elif node.parentNode.nameValue=='Null' and len(path)==0:
            path.append([])
        #print(node.nameValue,path)
        return path


#==========找出条件模式基，创建条件FP树=============================
def findModeBase(headerTable):
    prePath = {}    #新建一个字典记录所有1-项集的前缀路径
    for i in headerTable.keys():
        prePathNode = {} #记录单个1-项集的前缀路径
        for item in headerTable[i][2:]:
            path = []
            path = findParent(item,path)
            if [] not in path and len(path)>0:
                prePathNode[frozenset(path)] = item.numOccur
            else:
                prePathNode[frozenset([])] = item.numOccur
        #print(prePathNode,i,'---------------------------开始建条件FP树')
        tempHeader = buildHeader(prePathNode,1)
        #print('条件FP头',tempHeader)
        treeNodeListTotal = buildFptree(tempHeader,prePathNode)
        prePath[i] = prePathNode
        #print('前缀路径',prePath)
        return tempHeader,prePath,treeNodeListTotal


def findBaseFreq(baseFreq,tempHeader,minSup,freqList):
    print('tempHeader',tempHeader,baseFreq)
    tempHeader_1,prePath,treeNodeListTotal = findModeBase(tempHeader)
    print('tempHeader_1',tempHeader_1)
    if len(tempHeader_1.keys()) > 0:
        print('aaaaaaa')
        for i in tempHeader_1:
            tempFreq = baseFreq.copy()
            if tempHeader_1[i][0] >= minSup:
                if i not in tempFreq:
                    tempFreq.append(i)
                tempFreq_1 = tempFreq.copy()
                if not tempFreq in freqList:
                    freqList.append(tempFreq_1)
                    print(tempFreq)
                    print('freqList', freqList)

                    tempHeader_2 = {i: tempHeader_1[i]}
                    print('tempHeader_2',tempHeader_2)
                    findBaseFreq(tempFreq.copy(),tempHeader_2,minSup,freqList)
    print('!!!!!!!!!!!!!!!!!!!!!!!!!!!!!!!!!!!!!!',baseFreq)


def findFreq(headerTable,minSup,freqList):
```

```
        tempHeader = {}
        for i in headerTable.keys():
            if i not in freqList and headerTable[i][0]>=minSup:
                freqList.append(i)
        print('====================================',freqList)
        print(headerTable,'\n\n\n\n')
        for i in headerTable:
            tempHeader[i] = headerTable[i]  # 列表引用复制
            baseFreq = [i]
            print('\n\n\n\n\n\n\n\n\n开始递归查找这个1-项集的所有条件模式基',i,
tempHeader[i])
            findBaseFreq(baseFreq,tempHeader,minSup,freqList)
            tempHeader = {}

            print('频繁项列表',freqList)
        return freqList

    if __name__=='__main__':
        minSup = 3
        data = [['r', 'z', 'h', 'j', 'p'],
                ['z', 'y', 'x', 'w', 'v', 'u', 't', 's'],
                ['z'],
                ['r', 'x', 'n', 'o', 's'],
                ['y', 'r', 'x', 'z', 'q', 't', 'p'],
                ['y', 'z', 'x', 'e', 'q', 's', 't', 'm']]
        initFreq = initFreq_list(data)
        headerTable = buildHeader(initFreq,minSup)
        print('---------------------',headerTable)
        buildFptree(headerTable,initFreq)
        print(headerTable)
        #findModeBase(headerTable)
        freqList = []
        #print('Fp树头指针',headerTable)
        freqList = findFreq(headerTable,minSup,freqList)
        print(freqList)
```

FP树获得频繁项集的效率远远高于Apriori算法，该算法最终得到的频繁项集结果如下：

```
    ['z', 'x', 'r', 's', 'y', 't', ['x', 'z'], ['s', 'x'], ['y', 'z'], ['y', 'x'], ['y',
'x', 'z'], ['t', 'z'], ['t', 'y'], ['t', 'y', 'z'], ['t', 'x'], ['t', 'x', 'z'], ['t',
'x', 'y'], ['t', 'x', 'y', 'z']]
```

8.2.2　Apriori算法实战

本节采用自定义的数据集，数据如下：

```
[['l1','l2','l5'],
            ['l2','l4'],
            ['l2','l3'],
            ['l1','l2','l4'],
            ['l1','l3'],
            ['l2','l3'],
```

```
                ['l1','l3'],
                ['l1','l2','l3','l5'],
                ['l1','l2','l3']]
```

下面运行经典的Apriori算法，对以上数据集事务库进行频繁项集构建和最终强关联规则输出。建立过程中需要设定最小支持度以及最小置信度，分别设置为2/9和0.7。

算法实现过程代码如下：

```python
def load_data_set():
    """
    加载事务集
    """
    data_set = [['l1','l2','l5'],
                ['l2','l4'],
                ['l2','l3'],
                ['l1','l2','l4'],
                ['l1','l3'],
                ['l2','l3'],
                ['l1','l3'],
                ['l1','l2','l3','l5'],
                ['l1','l2','l3']]
#    data_set = [['l1', 'l2'], ['l1', 'l3', 'l4', 'l5'], ['l2', 'l3', 'l4', 'l6'],
#                ['l1', 'l2', 'l3', 'l4'], ['l1', 'l2', 'l3','l6']]
    return data_set

def create_C1(data_set):
    """
    遍历事务集获得候选1-项集C1
    """
    C1 = set()  # 集合对象
    for t in data_set:
        for item in t:
            # 将事务集中的每个项集的项转换为不可变的集合
            item_set = frozenset([item])
#            print(item_set)
            C1.add(item_set)
    return C1

def is_apriori(Ck_item,Lksub1):
    """
    对候选k-项集Ck中的每个项进行剪枝判断
    """
    for item in Ck_item:
        sub_Ck = Ck_item - frozenset([item])
        if sub_Ck not in Lksub1: # 候选k-项集中的项的子集中存在于非频繁k-1-项集中
            return False # 则该项在非频繁k-项集中
    return True

def create_Ck(Lksub1,k):
    """
    通过Lk-1的连接运算构建候选k-项集Ck，k应该大于2
```

```
        Lksub1：Lk-1，频繁k-1-项集
        """
        Ck = set()
        list_Lksub1 = list(Lksub1)
        for i in range(len(Lksub1)):
            for j in range(1,len(Lksub1)):
                l1 = list(list_Lksub1[i])
                l2 = list(list_Lksub1[j])
                l1.sort()
                l2.sort()
                if l1[0:k-2] == l2[0:k-2]: # 排序后做连接运算
                    Ck_item = list_Lksub1[i] | list_Lksub1[j]
                    if is_apriori(Ck_item,Lksub1): # 判断是否应该剪枝，是则不加入频繁k-项集
                        Ck.add(Ck_item)
        return Ck


def generate_Lk_by_Ck(data_set,Ck,min_support,support_data):
        """
        在Ck中执行删除操作，生成频繁k-项集Lk
        support_data：频繁k-项集对应的支持度
        """
        Lk = set()
        item_count = {}
        for t in data_set:
            for item in Ck: # 对Ck中的每个项计算支持度计数
                if item.issubset(t):
                    if item in item_count:
                        item_count[item] += 1
                    else:
                        item_count[item] = 1
        t_num = float(len(data_set))
        for item in item_count: # 计算每个项的支持度
            if(item_count[item]/t_num >= min_support): # 和最小支持度进行比较，判断是否为
频繁项
                Lk.add(item)
                support_data[item] = item_count[item] / t_num
        return Lk


def generate_L(data_set,min_support):
        """
        计算所有的频繁项集
        """
        support_data = {}
        C1 = create_C1(data_set)
        L1 = generate_Lk_by_Ck(data_set,C1,min_support,support_data) # 单独计算C1和L1
        Lksub1 = L1.copy()
        L = []
        L.append(Lksub1)
        i = 2
        while(True): # 计算Ck
            Ci = create_Ck(Lksub1,i)
```

```
            Li = generate_Lk_by_Ck(data_set,Ci,min_support,support_data)
            if len(Li) == 0: # 当Li为空集时退出循环
                break;
            Lksub1 = Li.copy()
            L.append(Lksub1)
            i+=1
        return L,support_data


    def generate_big_rules(L,support_data,min_conf):
        """
        找出满足最小置信度的频繁项集
        """
        big_rules_list = [] # 强关联规则的列表
        sub_set_list = [] # 子集列表
        for i in range(0,len(L)): # 对于每个频繁项要产生其非空子集并计算置信度,若大于最小置信
度,则将该强关联规则加入强关联规则的列表中
            for freq_set in L[i]: # 频繁1-项集里没有强关联
                for sub_set in sub_set_list: # 频繁项集的子集一定也是频繁项集
                    if(sub_set.issubset(freq_set)):#遍历生成频繁项集freq_set的每个子集
                        conf = support_data[freq_set] / support_data[sub_set]
                        big_rule = (sub_set,freq_set - sub_set,conf)
                        if conf >= min_conf and big_rule not in big_rules_list:
                            big_rules_list.append(big_rule)
                sub_set_list.append(freq_set) # 频繁项集本身也是其子集
        return big_rules_list


    if __name__ == "__main__":
        data_set = load_data_set()
        L,support_data = generate_L(data_set,min_support=2/9)
        big_rules_list = generate_big_rules(L,support_data,min_conf=0.7)
        # 输出
        for Lk in L:
            print("="*50)
            print("frequent " + str(len(list(Lk)[0])) + "-itemsets\tsupport")
            print("="*50)
            for freq_set in Lk:
                print(freq_set,support_data[freq_set])
        print("Big Rules: ")
        for item in big_rules_list:
            print(item[0],"==>",item[1]," conf:",item[2])
```

通过运行以上算法,得到频繁1-项集、频繁2-项集、频繁3-项集的结果如下:

```
frequent 1-itemsets  support
==================================================
frozenset({'l1'}) 0.6666666666666666
frozenset({'l4'}) 0.2222222222222222
frozenset({'l3'}) 0.6666666666666666
frozenset({'l5'}) 0.2222222222222222
frozenset({'l2'}) 0.7777777777777778
==================================================
frequent 2-itemsets  support
```

```
==============================================
frozenset({'l3', 'l2'}) 0.4444444444444444
frozenset({'l2', 'l5'}) 0.2222222222222222
frozenset({'l2', 'l4'}) 0.2222222222222222
frozenset({'l2', 'l1'}) 0.4444444444444444
frozenset({'l1', 'l5'}) 0.2222222222222222
frozenset({'l3', 'l1'}) 0.4444444444444444
==============================================
frequent 3-itemsets  support
==============================================
frozenset({'l3', 'l2', 'l1'}) 0.2222222222222222
frozenset({'l2', 'l1', 'l5'}) 0.2222222222222222
```

基于频繁项集并根据置信度，获得的强关联规则如下：

```
frozenset({'l5'}) ==> frozenset({'l2'})  conf: 1.0
frozenset({'l4'}) ==> frozenset({'l2'})  conf: 1.0
frozenset({'l5'}) ==> frozenset({'l1'})  conf: 1.0
frozenset({'l5'}) ==> frozenset({'l2', 'l1'})  conf: 1.0
frozenset({'l2', 'l5'}) ==> frozenset({'l1'})  conf: 1.0
frozenset({'l1', 'l5'}) ==> frozenset({'l2'})  conf: 1.0
```

8.3　本章小结

　　本章介绍了基于大数据的关联规则挖掘的基本常识和经典算法理论，并针对基于Python的关联规则算法实现进行了实战应用讲解，主要包括4部分内容：大数据关联规则挖掘理论、经典Apriori算法理论、FP树算法介绍、关联规则挖掘实战。在实际应用中，还是建议使用FP树算法，它是在Apriori算法基础上发展出来的，可以应用于生产环境，而且算法效率更高。

第 9 章
协同过滤算法及应用

协同过滤（Collaborative Filtering）算法是最常用的推荐算法之一，主要有两种具体形式：基于用户的推荐算法和基于物品的推荐算法。本章将介绍这两种算法的原理和实现方法。

推荐算法的基础是基于两个对象之间的相关性。计算相似性的方法包括欧几里得距离方法、曼哈顿相似性和余弦相似性的计算方法。本章将实现基于欧几里得距离的用户相似度计算。

此外，交替最小二乘法（Alternating Least Squares，ALS）也是比较重要的算法。本章将介绍其基本原理和实例。

本章主要知识点：

- ❖ 协同过滤的概念
- ❖ 相似度计算
- ❖ 交替最小二乘法
- ❖ 协同过滤算法应用

9.1 协同过滤算法理论

本节主要介绍协同过滤算法的相关理论。

9.1.1 协同过滤概述

协同过滤算法是一种基于群体用户或者物品的典型推荐算法，也是目前推荐算法中最常用和最经典的。协同过滤算法的实际应用，是推荐算法作为可行的机器学习算法正式步入商业应用的标志。协同过滤算法主要有两种：

- 一是通过考察具有相同爱好的用户对相同物品的评分标准进行计算——UserCF。
- 二是考察具有相同特质的物品，从而推荐给选择了某种物品的用户——ItemCF。

　　总体来说，协同过滤算法就是建立在基于某种物品和用户之间相互关联的数据关系之上的。下面将详细介绍这两种算法。

1. 基于用户的推荐UserCF

　　对于基于用户相似性的推荐，用一个简单的词表述就是"志趣相投"。事实也是如此。

　　例如你想去看一个电影，但是不知道这个电影是否符合你的口味，怎么办呢？从网上找介绍和看预告短片固然是一个好办法，但是对于电影能否真实符合你的偏好，却不能提供更加详细和准确的信息。这时最好的办法可能就是这样：

小王：哥们，我想去看看这个电影，你不是看了吗，怎么样？

小张：不怎么样，陪女朋友去看的，她看得津津有味，我看了一小半就玩手机去了。

小王：那最近有什么好看的电影吗？

小张：你去看《雷霆XX》吧，我看了不错，估计你也喜欢。

小王：好的。

　　这是一段日常生活中经常发生的对话，也是基于用户的协同过滤算法的基础。小王和小张是好哥们，他们具有一些相同的爱好，那么在此基础上相互推荐自己喜爱的东西给对方必然是合乎情理的。有理由相信被推荐者能够较好地享受到被推荐物品所带来的快乐和满足感。

　　图9-1展示了基于用户的协同过滤算法的表现形式。

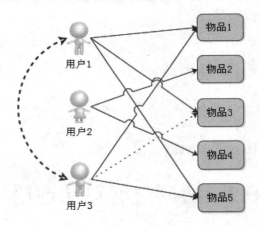

图 9-1　基于用户的协同过滤算法

　　想向用户3推荐一个商品时，如何选择这个商品是一个很大的问题。在已有信息中，用户3已经选择了物品1和物品5，用户2比较偏向于选择物品2和物品4，而用户1选择了物品1、物品3及物品5。

　　可以发现，用户1和用户3在选择偏好上更加相似——用户1和用户3都选择了相同的物品1和物品5，那么将物品3向用户3推荐也是完全合理的。

　　这就是基于用户的协同过滤算法做的推荐。用特定的计算方法扫描和指定目标用户，根据给定的相似度对用户进行相似度计算，选择最高得分的用户，并推荐结果反馈给该用户。这种推荐算法在计算结果上较为简单易懂，具有很高的实践应用价值。

2. 基于物品的推荐ItemCF

对于基于用户的协同过滤算法，可以用"志趣相投"形容其原理；对基于物品的协同过滤算法，同样可以使用一个词来形容整个算法的原理——"物以类聚"。

首先看一下如下对话，这次是小张想给他女朋友买个礼物。

小张：情人节快到了，我想给女朋友买个礼物，但是不知道买什么，上次买了个赛车模型，她一点都不喜欢。

小王：你也真是的，不买点她喜欢的东西。她平时喜欢什么啊？

小张：她平时比较喜欢看动画片，特别是《机器猫》，没事就看几集。

小王：那我建议你给她买套机器猫的模型套装，绝对能让她喜欢。

小张：好主意，我试试。

对于不熟悉的用户，在缺少特定用户信息的情况下，根据用户已有的偏好数据去推荐一个未知物品是合理的。这就是基于物品的协同过滤算法。

基于物品的协同过滤算法是以已有的物品为线索去进行相似度计算，从而推荐给特定的目标用户。图9-2展示了基于物品的协同过滤算法的表现形式。

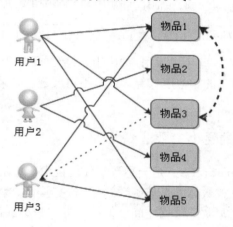

图 9-2　基于物品的协同过滤算法

这次同样是给用户3推荐一个物品，在不知道其他用户的情况下，通过计算或者标签的方式，得出与已购买物品最相近的物品，从而推荐给用户。这就是基于物品相似度的物品推荐算法。

9.1.2　物品相似度计算

欧几里得距离是最常用的计算距离的公式，它表示三维空间中两个点的真实距离。

欧几里得相似度计算是一种基于用户之间直线距离的计算方式。在相似度计算中，不同的物品或者用户可以定义为不同的坐标点，而特定目标定义为坐标原点。使用欧几里得距离计算两个点之间的绝对距离，公式如下：

$$d = \sqrt{(x_1 - x_2)^2 + (y_1 - y_2)^2}$$

> **提示**　在欧几里得相似度计算中，由于最终数值的大小与相似度成反比，因此在实际应用中常常使用欧几里得距离的倒数作为相似度值，即$1/d+1$作为近似值。

作为计算结果的欧几里得距离，显示的是两点之间的直线距离，该值的大小表示两个物品或者用户差异性的大小，即用户的相似性如何。两个物品或者用户距离越大，其相似度越小，距离越小，则相似度越大。来看一个例子，表9-1是一个用户对物品的打分表。

表9-1　用户与物品评分对应表

用　户	物　品　1	物　品　2	物　品　3	物　品　4
用户1	1	1	3	1
用户2	1	2	3	2
用户3	2	2	1	1

如果需要计算用户1和其他用户之间的相似度，那么通过欧几里得距离公式可以得出：

$$d_{12} = 1/1 + \sqrt{(1-1)^2 + (1-2)^2 + (3-3)^2 + (1-2)^2} = 1/1 + \sqrt{2} \approx 0.414$$

用户1和用户2的相似度为0.414，而用户1和用户3的相似度为：

$$d_{13} = 1/1 + \sqrt{(1-2)^2 + (1-2)^2 + (3-1)^2 + (1-1)^2} = 1/1 + \sqrt{6} \approx 0.287$$

d_{12}分值大于d_{13}的分值，因此可以说用户2比用户3更加相似于用户1。

另外，还有基于余弦角度的相似度计算，这里不再展开，如果有需要，请读者查阅相关文献资料。

9.1.3　关于ALS算法中的最小二乘法

最小二乘法（Least Square，LS）是一种数学优化技术，也是一种机器学习常用算法。它通过最小化误差的平方和寻找数据的最佳函数匹配。利用最小二乘法可以简便地求得未知的数据，并使得这些求得的数据与实际数据之间误差的平方和最小。最小二乘法可用于曲线拟合。其他一些优化问题，也可以通过最小化能量或最大化熵用最小二乘法来表达。

为了便于理解最小二乘法，我们通过图9-3演示一下其原理。

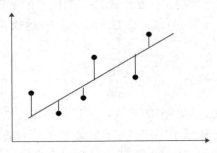

图9-3　最小二乘法原理

若干个点依次分布在向量空间中，如果希望找出一条直线和这些点达到最佳匹配，那么最简单的一个方法就是希望这些点到直线的距离值最小，即：

$$f(x) = ax + b$$

$$\delta = \sum (f(x_i) - y_i)^2$$

在上述公式中，$f(x)$是直接的拟合公式，也是所求的目标函数。这里希望各个点到直线的值最小，也就是差值和最小。可以使用微分的方法求出最小值，限于篇幅，这里不再细说。

提示 读者可以自行研究最小二乘法的公式计算。建议读者自己实现最小二乘法的程序。

9.2 协同过滤算法电影推荐实战

本实战的数据来自http://grouplens.org/datasets/movielens/，选择的是MovieLens 100K数据集，来自1700部电影的1000名用户的100 000个评分。这个数据集包含用户id、电影id和电影评分3个属性。

首先导入本次实战所需的模块，无法导入的，可以通过pip进行安装。

```python
import math
import sys
from texttable import Texttable
import importlib
import re
```

按照公式，使用函数计算余弦距离，代码如下：

```python
def calcCosDistSpe(user1, user2):
    avg_x = 0.0
    avg_y = 0.0
    for key in user1:
        avg_x += key[1]
    avg_x = avg_x/len(user1)

    for key in user2:
        avg_y += key[1]
    avg_y = avg_y/len(user2)

    u1_u2 = 0.0
    for key1 in user1:
        for key2 in user2:
            if key1[1] > avg_x and key2[1] > avg_y and key1[0] == key2[0]:
                u1_u2 += 1
    u1u2 = len(user1)*len(user2)*1.0
    sx_sy = u1_u2/math.sqrt(u1u2)
    return sx_sy

def calcCosDist(user1, user2):
    sum_x = 0.0
    sum_y = 0.0
    sum_xy = 0.0
```

```
    for key1 in user1:
        for key2 in user2:
            if key1[0] == key2[0]:
                sum_xy += key1[1]*key2[1]
                sum_y += key2[1]*key2[1]
                sum_x += key1[1]*key1[1]

    if sum_xy == 0.0:
        return 0
    sx_sy = math.sqrt(sum_x*sum_y)
    return sum_xy/sx_sy
```

计算相似余弦距离，代码如下：

```
def calcSimlaryCosDist(user1, user2):
    sum_x = 0.0
    sum_y = 0.0
    sum_xy = 0.0
    avg_x = 0.0
    avg_y = 0.0
    for key in user1:
        avg_x += key[1]
    avg_x = avg_x/len(user1)

    for key in user2:
        avg_y += key[1]
    avg_y = avg_y/len(user2)

    for key1 in user1:
        for key2 in user2:
            if key1[0] == key2[0]:
                sum_xy += (key1[1]-avg_x)*(key2[1]-avg_y)
                sum_y += (key2[1]-avg_y)*(key2[1]-avg_y)
        sum_x += (key1[1]-avg_x)*(key1[1]-avg_x)

    if sum_xy == 0.0:
        return 0
    sx_sy = math.sqrt(sum_x*sum_y)
    return sum_xy/sx_sy
```

编写读取文件的函数，代码如下：

```
def readFile(file_name):
    contents_lines = []
    f = open(file_name, "r",encoding='utf-8')
    contents_lines = f.readlines()
    f.close()
    return contents_lines
```

解压rating信息函数，格式为“用户id\t电影id\t用户评分rating\t时间”，输入的是数据集合，输出的是已经解压的排名信息，代码如下：

```
def getRatingInformation(ratings):
    rates = []
    for line in ratings:
        rate = line.split("\t")
        rates.append([int(rate[0]), int(rate[1]), int(rate[2])])
    return rates
```

生成用户评分的数据结构，用以输出用户打分字典、电影字典。在字典中，key是用户id，value是电影及用户对电影的评价。例如rate_dic[2]=[(2,5),(6,1)]…表示用户2对电影2的评分是5，对电影6的评分是1。具体代码如下：

```
def createUserRankDic(rates):
    user_rate_dic = {}
    item_to_user = {}
    for i in rates:
        user_rank = (i[1], i[2])
        if i[0] in user_rate_dic:
            user_rate_dic[i[0]].append(user_rank)
        else:
            user_rate_dic[i[0]] = [user_rank]

        if i[1] in item_to_user:
            item_to_user[i[1]].append(i[0])
        else:
            item_to_user[i[1]] = [i[0]]

    return user_rate_dic, item_to_user
```

计算与指定用户最相近的邻居，输入的是指定用户id、所有用户数据和所有物品数据，输出为与指定用户最相邻的邻居列表。代码如下：

```
def calcNearestNeighbor(userid, users_dic, item_dic):
    neighbors = []
    # neighbors.append(userid)
    for item in users_dic[userid]:
        for neighbor in item_dic[item[0]]:
            if neighbor != userid and neighbor not in neighbors:
                neighbors.append(neighbor)

    neighbors_dist = []
    for neighbor in neighbors:
        # calcSimlaryCosDist  calcCosDist calcCosDistSpe
        dist = calcSimlaryCosDist(users_dic[userid], users_dic[neighbor])
        neighbors_dist.append([dist, neighbor])
    neighbors_dist.sort(reverse=True)
    # print neighbors_dist
    return neighbors_dist
```

使用UserCF进行推荐，输入为文件名、用户ID、邻居数量，输出为推荐的电影ID、输入用户的电影列表、电影对应用户的反序表、邻居列表。在下面的函数中，先读取文件，然后把文件的数据格式化为二维数组List[[用户id,电影id,电影评分]...], 再格式化成字典数据，包括用户字典dic[用户id]=[(电影id,电影评分)...]、电影字典dic[电影id]=[用户id1,用户id2...]，接着寻找邻居和建立推荐列表。代码如下：

```python
def recommendByUserFC(file_name, userid, k=5):
    # 读取文件数据
    test_contents = readFile(file_name)

    # 文件数据格式化为二维数组 List[[用户id,电影id,电影评分]...]
    test_rates = getRatingInformation(test_contents)

    # 格式化成字典数据
    #    1.用户字典：dic[用户id]=[(电影id,电影评分)...]
    #    2.电影字典：dic[电影id]=[用户id1,用户id2...]
    test_dic, test_item_to_user = createUserRankDic(test_rates)

    # 寻找邻居
    neighbors = calcNearestNeighbor(userid, test_dic, test_item_to_user)[:k]
    recommend_dic = {}
    for neighbor in neighbors:
        neighbor_user_id = neighbor[1]
        movies = test_dic[neighbor_user_id]
        for movie in movies:
            # print movie
            if movie[0] not in recommend_dic:
                recommend_dic[movie[0]] = neighbor[0]
            else:
                recommend_dic[movie[0]] += neighbor[0]
    # print len(recommend_dic)
    # 建立推荐列表
    recommend_list = []
    for key in recommend_dic:
        # print key
        recommend_list.append([recommend_dic[key], key])

    recommend_list.sort(reverse=True)
    # print recommend_list
    user_movies = [i[0] for i in test_dic[userid]]

    return [i[1] for i in recommend_list], user_movies, test_item_to_user, neighbors
```

获取电影列表，代码如下：

```python
def getMoviesList(file_name):
    contents_lines = []
    with open(file_name, "r",encoding='ISO-8859-1') as f:
        movies_contents=f.readlines()
    movies_info={}
    for movie in movies_contents:
        movie_info=movie.split("|")
        movies_info[int(movie_info[0])]=movie_info[1:]
    return movies_info
```

接下来输入一组测试数据集合，显示出用户id为3的用户推荐的前20部电影。更改用户ID，则会显示不同的推荐电影。代码如下：

```python
if __name__ == '__main__':
    movies=getMoviesList("./ml-100k/u.item")
    recommend_list,user_movie,items_movie,neighbors=recommendByUserFC
("./ml-100k/u.data",3,80)
    neighbors_id=[ i[1] for i in neighbors]
    table = Texttable()
    table.set_deco(Texttable.HEADER)
    table.set_cols_dtype(['t',  # text
                          't',  # float (decimal)
                          't']) # automatic
    table.set_cols_align(["l", "l", "l"])
    rows=[]
    rows.append([u"movie name",u"release", u"from userid"])
    for movie_id in recommend_list[:20]:
        from_user=[]
        for user_id in items_movie[movie_id]:
            if user_id in neighbors_id:
                from_user.append(user_id)
        rows.append([movies[movie_id][0],movies[movie_id][1],""])
    table.add_rows(rows)
    print(table.draw())
```

运行结果为：

movie name	release	from userid
Star Wars (1977)	01-Jan-1977	
Return of the Jedi (1983)	14-Mar-1997	
Fargo (1996)	14-Feb-1997	
Scream (1996)	20-Dec-1996	
English Patient, The (1996)	15-Nov-1996	
Empire Strikes Back, The (1980)	01-Jan-1980	
Independence Day (ID4) (1996)	03-Jul-1996	
Godfather, The (1972)	01-Jan-1972	
Raiders of the Lost Ark (1981)	01-Jan-1981	
Liar Liar (1997)	21-Mar-1997	
Contact (1997)	11-Jul-1997	
Rock, The (1996)	07-Jun-1996	
Silence of the Lambs, The (1991)	01-Jan-1991	
Air Force One (1997)	01-Jan-1997	
Toy Story (1995)	01-Jan-1995	
Jerry Maguire (1996)	13-Dec-1996	
Fugitive, The (1993)	01-Jan-1993	
Twelve Monkeys (1995)	01-Jan-1995	
Pulp Fiction (1994)	01-Jan-1994	
Titanic (1997)	01-Jan-1997	

9.3　本　章　小　结

　　协同过滤算法是一种基于群体用户或者物品的典型推荐算法，也是目前推荐算法中最常用和最经典的。本章主要讲解了协同过滤算法的原理及其实战应用，包括过滤算法理论、物品间相似度的计算、交替最小二乘法。最后通过电影推荐实例来讲解协同过滤算法的使用，实现为某个用户推荐20部相关度高的电影。

第 10 章
新闻内容分类实战

　　本章采用公开的新闻数据集，对新闻内容进行分词和清洗，然后基于语料库进行建模，目标是通过训练已有的语料库文本数据得到分类模型，进而预测新文本的类别标签，即新闻数据集中的18个新闻类别。这个新闻分类在很多领域都有实际的应用场景，例如新闻网站的新闻自动分类、垃圾邮件检测、非法信息过滤等。

　　本章主要知识点：

❖　分词和清洗

❖　词向量化技术

❖　新闻文本分类

10.1　数据准备

　　本实战的数据来自搜狗实验室公开的全网新闻数据，数据源是http://www.sogou.com/labs/resource/ca.php。数据包含多个站点2012年6月～2012年7月国内、国际、体育、社会、娱乐等18个频道的新闻数据，主要提供了URL和正文信息。示例如下：

```
<doc>
<url>http://auto.data.people.com.cn/news/story_428419.html<url>
<docno>c172394d49da333-69713306c0bb3310</docno>
<contenttitle>酷似卡宴　华泰新SUV宝利格广州车展上市　</contenttitle>
<content>华泰在推出自主轿车B11后，又一款自主SUV宝利格已经确定将在11月下旬的广州车展上市正式
上市，新车将与B11一样搭载1.8T汽油机和2.0T柴油机，预计售价10～15万元之间，最大的亮点就是酷似保时捷
卡宴的外观。泰宝利格凭借酷似保时捷卡宴的外观而颇受关注，这款车整体外形设计厚重敦实，有着SUV应有的硬
朗和雄浑，其车身采用了大量的镀铬装饰和银色装饰件，凸显年轻和时尚；同时宝利格也继承了华泰家族式脸谱造
型，与华泰B11相似的前脸采用了倒梯形网状前格栅，新款双氙气大灯不仅提供更加理想的照明效果，也将成为宝
利格的独特标识。</content>
</doc>
```

本实战需要使用jieba分词器，可以通过pip命令直接安装。然后导入实战所需的模块和数据，代码如下：

```
#pip install jieba
import pandas as pd
import jieba
import warnings
warnings.filterwarnings("ignore")
df_news = pd.read_table('./data/news.txt',names=['category','theme','URL',
'content'],encoding='utf-8')
df_news = df_news.dropna()
df_news.head()
```

前5条数据如表10-1所示。

表10-1 示例新闻数据集中的前5条数据

序　号	类　别	标　题	网　址	内　容
0	汽车	新辉腾　4.2　V8　4座加长Individual版2011款最新报价	http://auto.data.people.com.cn/model_15782/	经销商　电话　试驾/订车U憬杭州滨江区江陵路1780号4008－112233转5864＃保常…
1	汽车	918　Spyder概念车	http://auto.data.people.com.cn/prdview_165423....	呼叫热线　4008－100－300　服务邮箱　kf@peopledaily.com.cn
2	汽车	日内瓦亮相　MINI性能版/概念车－1.6T引擎	http://auto.data.people.com.cn/news/story_5249...	MINI品牌在二月曾经公布了最新的MINI新概念车Clubvan效果图，不过现在在日内瓦车展…
3	汽车	清仓大甩卖一汽夏利N5威志V2低至3.39万	http://auto.data.people.com.cn/news/story_6144...	清仓大甩卖！一汽夏利N5、威志V2低至3.39万＝日，启新中国一汽强势推出一汽夏利N5、威志…
4	汽车	大众敞篷家族新成员高尔夫敞篷版实拍	http://auto.data.people.com.cn/news/story_5686...	在今年3月的日内瓦车展上，我们见到了高尔夫家族的新成员，高尔夫敞篷版，这款全新敞篷车受到了众…

我们通过df_news.shape来显示数据集尺寸，结果为(5000, 4)。

10.2 分词与清洗工作

使用jieba分词器进行分词，将数据中的content（即新闻内容）列取出来，然后转换为list格式。取第1024条数据进行查看，代码如下：

```
content = df_news.content.values.tolist()
print (content[1024])
```

该条数据的内容为：

据国外媒体报道，英特尔董事会今日宣布了最新季度派息消息，此次股息为每股普通股22.5美分（年化股息为每股90美分），股权登记日为2012年8月7日，股息派发日2012年9月1日。为计算机创新领域的全球领先者，它设计和生产的芯片是全球计算设备的基础。

接下来进行分词，指定一个content_S列表，用于存储分词后的结果。对每一行进行遍历，使用jieba分词器内置的模块进行分词，去除换行符。把第1024条数据进行分词，代码如下：

```
content_S = []
for line in content:
    current_segment = jieba.lcut(line)
    if len(current_segment) > 1 and current_segment != '\r\n':
        content_S.append(current_segment)
content_S[1024]
```

显示内容为：

```
['据',
 '国外',
 '媒体报道',
 '，',
 '英特尔',
 '董事会',
 '今日',
 '宣布',
 '了',
 '最新',
 '季度',
 '派息',
 '消息',
 '，',
 ......
 '基础',
 '。']
```

在分词完成之后，使用Pandas创建一个DataFrame，将字段名content_S作为key，将列表中的内容作为value进行查看，代码如下：

```
df_content=pd.DataFrame({'content_S':content_S})
df_content.head()
```

显示内容如图10-1所示。

图 10-1　分词结果

接下来进行数据清洗工作。首先导入停用词表，再进行简单查看，代码如下：

```
stopwords=pd.read_csv("stopwords.txt",index_col=False,sep="\t",quoting=3,names
=['stopword'], encoding='utf-8')
stopwords.head(20)
```

显示结果如图10-2所示。

如果分完词后的词出现在了停用词表当中，可以过滤一下，并将所有处理完的词进行统计，用于之后的可视化展示。因为需要进行遍历，所以执行需要一定的时间（由语料库的大小决定）。代码如下：

```
def drop_stopwords(contents,stopwords):
    contents_clean = []
    all_words = []
    for line in contents:
        line_clean = []
        for word in line:
            if word in stopwords:
                continue
            line_clean.append(word)
            all_words.append(str(word))
        contents_clean.append(line_clean)
    return contents_clean,all_words
contents = df_content.content_S.values.tolist()
stopwords = stopwords.stopword.values.tolist()
contents_clean,all_words = drop_stopwords(contents,stopwords)
```

图 10-2　停用词表

为了方便查看，将结果转化为DataFrame，然后查看前5条记录的代码如下：

```
df_content=pd.DataFrame({'contents_clean':contents_clean})
df_content.head()
```

查看处理完成之后的结果，如图10-3所示。对比之前的数据，优化后的数据看起来更为直观，表达意思更明确。

	contents_clean
0	[经销商, 电话, 试驾, /, 订车, U, 憬, 杭州, 滨江区, 江陵, 路, 号, ...
1	[呼叫, 热线, -, -, 服务, 邮箱, k, f, p, e, o, p, l, e,...
2	[M, I, N, I, 品牌, 二月, 曾经, 公布, 最新, M, I, N, I, 新...
3	[清仓, 甩卖, 一汽, 夏利, N, 威志, V, 低至, ., 万, =, 日, 启新,...
4	[今年, 月, 日内瓦, 车展, 见到, 高尔夫, 家族, 新, 成员, 高尔夫, 敞篷版,...

图 10-3　数据清洗的结果

词频统计，有助于可视化输出。同时，我们通过Pandas的内置函数，按词频进行排序。代码如下：

```
    import numpy
    words_count=df_all_words.groupby(by=['all_words'])['all_words'].agg({"count":
numpy.size})
    words_count=words_count.reset_index().sort_values(by=["count"],ascending=False)
    words_count.head()
```

排序后的结果如图10-4所示。

	all_words	count
105199	.	5678
4144	中	5199
53643	月	3889
37922	年	3571
7303	人	3474

图 10-4　按词频排序

下面进行词云的可视化展示。先通过pip安装worldcloud库，词云GitHub链接为https://github.com/amueller/word_cloud。我们选择前100条数据进行展示，代码如下：

```
    from wordcloud import WordCloud
    import matplotlib.pyplot as plt
    %matplotlib inline
    import matplotlib
    matplotlib.rcParams['figure.figsize'] = (10.0, 5.0)
    wordcloud=WordCloud(font_path="./data/simhei.ttf",background_color="white",max
_font_size=80)
    word_frequence = {x[0]:x[1] for x in words_count.head(100).values}
    wordcloud=wordcloud.fit_words(word_frequence)
    plt.imshow(wordcloud)
    plt.show()
```

词云图如图10-5所示。

图 10-5　词云图

下面提取关键词。通过Jieba分词器内置的函数进行关键字提取，topK对应的是"返回关键字"的个数，代码如下：

```
import jieba.analyse
index = 2400
print (df_news['content'][index])
content_S_str = "".join(content_S[index])
print (" ".join(jieba.analyse.extract_tags(content_S_str, topK=5,
withWeight=False)))
```

显示该条新闻内容为：

法国VS西班牙、里贝里VS哈维，北京时间6月24日凌晨一场的大战举世瞩目，而这场胜利不仅仅关乎两支顶级强队的命运，同时也是他们背后的球衣赞助商耐克和阿迪达斯之间的一次角逐。T谌胙"窘炫分薇的16支球队之中，阿迪达斯和耐克的势力范围也是几乎旗鼓相当：其中有5家球衣由耐克提供，而阿迪达斯则赞助了6家，此外茵宝有3家，而剩下的两家则由彪马赞助。而当比赛进行到现在，率先挺进四强的两支球队分别被耐克支持的葡萄牙和阿迪达斯支持的德国占据，而由于最后一场1/4决赛是茵宝（英格兰）和彪马（意大利）的对决，这也意味着明天凌晨西班牙同法国这场阿迪达斯和耐克在1/4决赛的唯一一次直接交手将直接决定两家体育巨头在此次欧洲杯上的胜负。8据评估，在2012年足球商品的销售额能总共超过40亿欧元，而单单是不足一个月的欧洲杯就有高达5亿的销售额，也就是说在欧洲杯期间将有700万件球衣被抢购一空。根据市场评估，两大巨头阿迪达斯和耐克的市场占有率也是并驾齐驱，其中前者占据38%，而后者占36%。体育权利顾问奥利弗一米歇尔在接受《队报》采访时说："欧洲杯是耐克通过法国翻身的一个绝佳机会！"C仔尔接着谈到两大赞助商的经营策略："竞技体育的成功会燃起球衣购买的热情，不过即便是水平相当，不同国家之间的欧洲杯效应却存在不同。在德国就很出色，大约1/4的德国人通过电视观看了比赛，而在西班牙效果则差很多，由于民族主义高涨的加泰罗尼亚地区只关注巴萨和巴萨的球衣，他们对西班牙国家队根本没什么兴趣。"因此尽管西班牙接连拿下欧洲杯和世界杯，但是阿迪达斯只为西班牙足协支付每年2600万的赞助费＃相比之下尽管最近两届大赛表现糟糕法国足协将从耐克手中每年可以得到4000万欧元。米歇尔解释道："法国创纪录的4000万欧元赞助费得益于阿迪达斯和耐克竞逐未来15年欧洲市场的竞争。耐克需要笼络一个大国来打赢这场欧洲大陆的战争，而尽管德国拿到的赞助费并不太高，但是他们却显然牢牢掌握在民族品牌阿迪达斯手中。从长期投资来看，耐克给法国的赞助并不算过高。"

提取的关键字共5个，为耐克、阿迪达斯、欧洲杯、球衣、西班牙。

10.3　模型建立

基于Gensim的LDA库进行建模。首先导入一些模块，代码如下：

```
from gensim import corpora, models, similarities
import gensim
```

在使用LDA建模时，要求格式为"list of list"，因此我们将处理完的整个语料都导入建模。首先将我们的语料库进行映射，形成词袋模型。num_topics对应的是自行设定的主题数。然后打印结果，打印命令中的"1"对应的是第一个主题，topn对应的是该主题的前5个关键字。代码如下：

```
dictionary = corpora.Dictionary(contents_clean)
corpus = [dictionary.doc2bow(sentence) for sentence in contents_clean]
lda = gensim.models.ldamodel.LdaModel(corpus=corpus, id2word=dictionary,
num_topics=20)
print (lda.print_topic(1, topn=5))
```

结果为：

```
0.013*"饰演" + 0.006*"考生" + 0.005*"中" + 0.004*"导演" + 0.004*"一"
```

接着对20个主题分别进行打印，代码如下：

```
for topic in lda.print_topics(num_topics=20, num_words=5):
    print (topic[1])
```

结果为：

```
0.009*"人" + 0.009*"男人" + 0.008*"说" + 0.007*"一个" + 0.007*"中"
0.013*"饰演" + 0.006*"考生" + 0.005*"中" + 0.004*"导演" + 0.004*"一"
0.006*"中" + 0.006*"o" + 0.005*"年" + 0.005*"i" + 0.004*"a"
0.012*"电影" + 0.006*"票房" + 0.005*"陈坤" + 0.005*"导演" + 0.005*"上映"
0.005*"教育" + 0.004*"中" + 0.004*"学校" + 0.004*"工作" + 0.003*"人"
0.016*"一" + 0.010*"张绍" + 0.006*"/" + 0.005*". " + 0.003*"万"
0.006*"台北" + 0.005*"月" + 0.004*"中国" + 0.003*". " + 0.002*"两岸"
0.005*"中" + 0.004*"文化" + 0.004*"年" + 0.003*"中国" + 0.003*". "
0.007*"电视剧" + 0.005*"中" + 0.004*"日" + 0.004*"说" + 0.003*"高考"
0.011*"男人" + 0.011*"女人" + 0.007*"人" + 0.006*"中" + 0.005*"食物"
0.011*"节目" + 0.009*"观众" + 0.007*"中" + 0.006*"月" + 0.005*"日"
0.005*"中" + 0.005*"导演" + 0.005*"人" + 0.004*"后" + 0.004*"月"
0.007*"万" + 0.006*"号" + 0.004*"转" + 0.004*"孩子" + 0.004*"一"
0.008*"卫视" + 0.006*"人" + 0.006*"中" + 0.004*"后" + 0.004*"中国"
0.006*"后" + 0.005*"中" + 0.005*"人" + 0.005*"说" + 0.004*"一个"
0.012*". " + 0.010*"撒" + 0.003*"万元" + 0.003*"邓" + 0.003*"一"
0.008*"人" + 0.007*"月" + 0.006*"年" + 0.005*"中国" + 0.004*"一个"
0.003*"中" + 0.003*"记者" + 0.003*"学生" + 0.003*"说" + 0.003*"批"
0.025*"e" + 0.024*"a" + 0.016*"n" + 0.015*"i" + 0.014*"r"
0.006*"肌肤" + 0.006*". " + 0.005*"皮肤" + 0.004*"中" + 0.004*"含有"
```

10.4　分类任务

使用贝叶斯分类器完成新闻数据的分类任务。首先打印新闻的类别，代码如下：

```
df_train=pd.DataFrame({'contents_clean':contents_clean,'label':df_news['category']})
df_train.label.unique()
```

结果为：

```
array(['汽车', '财经', '科技', '健康', '体育', '教育', '文化', '军事', '娱乐', '时尚'],
dtype=object)
```

将对应的类别名通过Pandas映射为(key, value)的形式，例如("科技", 3)。再传入DataFrame中进行替换。代码如下：

```
label_mapping = {"汽车": 1, "财经": 2, "科技": 3, "健康": 4, "体育":5, "教育": 6, "文化": 7,"军事": 8,"娱乐": 9,"时尚": 0}
df_train['label'] = df_train['label'].map(label_mapping)
df_train.head()
```

替换后的结果如图10-6所示。

	contents_clean	label
0	[经销商, 电话, 试驾, /, 订车, U, 憬, 杭州, 滨江区, 江陵, 路, 号, ...	1
1	[呼叫, 热线, -, -, 服务, 邮箱, k, f, p, e, o, p, l, e,...	1
2	[M, I, N, I, 品牌, 二月, 曾经, 公布, 最新, M, I, N, I, 新...	1
3	[清仓, 甩卖, 一汽, 夏利, N, 威志, V, 低至, ., 万, =, 日, 启新,...	1
4	[今年, 月, 日内瓦, 车展, 见到, 高尔夫, 家族, 新, 成员, 高尔夫, 敞篷版...	1

图 10-6 替换后的结果

将数据分为训练集和测试集，可以自行指定训练集和测试集的划分比例，也可以按照默认比例执行。代码如下：

```
from sklearn.model_selection import train_test_split
x_train, x_test, y_train, y_test =
train_test_split(df_train['contents_clean'].values, df_train['label'].values,
random_state=1)
```

由于向量构造器的需要，我们将之前的list of list类型的数据转换为string类型，并进行存储，代码如下：

```
words = []
for line_index in range(len(x_train)):
    try:
        #x_train[line_index][word_index] = str(x_train[line_index][word_index])
        words.append(' '.join(x_train[line_index]))
    except:
        print (line_index,word_index)
words[0]
```

转换成字符串为：

'中新网 上海 月 日电 记者 于俊 今年 父亲节 人们 网络 吃 一顿 电影 快餐 微 电影 爸 对不起 我爱你 定于 本月 日 父亲节 当天 各大 视频 网站 首映 蒌 谱 鞣 剑 保慈 障蚣 钦 呓 楄 埽 5. 缬 埃 ⼂ 停 椋 悖 颖 铩 妫 椋 钬 恚 称 微型 电影 专门 运用 新 媒体 平台 播放 移动 状态 短时 休闲 状态 下 观看 完整 策划 系统 制作 体系 支持 显示 较完整 故事情节 电影 具有 微 超短 时 放映 秒 一 秒 微 周期 制作 一 天 数周 微 规模 投资 人民币 几千 数万元 / 每部 特点 内容 融合 幽默 搞怪 时尚 潮流 人文 言情 公益 教育 商业 定制 主题 单独 成篇 系列 成剧 唇 开播 微 电影 爸 对不起 我爱你 讲述 一对 父子 观念 缺少 沟通 导致 关系 父亲 传统 固执 人 钟情 传统 生活 方式 儿子 新派 音乐 达 人 习惯 晚出 早 生活 性格 张扬 叛逆

两种 截然不同 生活 方式 理念 差异 一场 父子 间 战斗 拉开序幕 子 失手 打破 父亲 最 心爱 物品 父亲 赶 出 家门 剧情 演绎 父亲节 妹妹 帮助 哥哥 化解 父亲 这场 矛盾 映谰坏 嚼 斫 狻 6. 粤 5. 浆容 争执 退让 传统 现代 尴尬 父子 尴尬 情 男人 表达 心中 那份 感恩 一杯 滤挂 咖啡 父亲节 变得 温馨 镁 缬 缮 虾 N 逢 熿 幕 传播 迪欧 咖啡 联合 出品 出品人 希望 观摩 扪心自问 每年 父亲节 一次 父亲 了解 记得 父亲 生 日 哪一天 知道 父亲 最 爱喝 跨出 家门 那一刻 是否 感觉 一颗 颤动 心 操劳 天下 儿女 父亲节 大声 喊出 父亲 家人 爱 完'

使用sklearn的特征选择模块与贝叶斯模块，通过向量构造器生成向量，代码如下：

```
from sklearn.feature_extraction.text import CountVectorizer
vec = CountVectorizer(analyzer='word', max_features=4000, lowercase = False)
vec.fit(words)
from sklearn.naive_bayes import MultinomialNB
classifier = MultinomialNB()
classifier.fit(vec.transform(words), y_train)
```

对测试集进行测试，按照与训练集一样的步骤进行处理，代码如下：

```
test_words = []
for line_index in range(len(x_test)):
    try:
        test_words.append(' '.join(x_test[line_index]))
    except:
        print (line_index,word_index)
test_words[0]

classifier.score(vec.transform(test_words), y_test)
```

测试结果为：0.7968。

使用sklearn模块下的TF-IDF进行向量的构造，训练完成之后，用测试集进行验证，代码如下：

```
from sklearn.feature_extraction.text import TfidfVectorizer
vectorizer = TfidfVectorizer(analyzer='word', max_features=4000, lowercase =
False)
vectorizer.fit(words)
from sklearn.naive_bayes import MultinomialNB
classifier = MultinomialNB()
classifier.fit(vectorizer.transform(words), y_train)
classifier.score(vectorizer.transform(test_words), y_test)
```

通过测试，显示结果为0.8128，可以看出分类准确率得到了提高。

10.5　本章小结

本章主要讲解了基于新闻文本内容的分类实战，主要包括文本分词和清洗、词向量化、贝叶斯分类模型构建、分类测试等内容，并对文本分类的基本步骤逐一用代码实现。通过本章的学习，读者能够基本掌握文本分析类项目的大致流程和相关知识。

第 **11** 章

泰坦尼克号获救预测实战

本章将进行泰坦尼克号获救预测实战，在实战中使用之前学习的算法（如决策树分类算法、随机森林等），将机器学习算法整体应用到实际场景中。本章包括数据处理、特征工程、模型选择、模型评估等方面的内容。

本章主要知识点：

❖ 数据处理

❖ 集成多算法思想

❖ 特征提取

11.1 数 据 处 理

本章实战项目的数据是CSV格式，数据是典型的dataframe格式，总共有12列，其中Survived字段表示的是乘客是否获救，其余都是该乘客的个人信息，数据列信息如下：

- Passengerld: 乘客ID。
- Pclass: 乘客等级（1/2/3等舱位）。
- Name: 乘客姓名。
- Sex: 性别。
- Age: 年龄。
- SibSp: 堂兄弟/妹个数。
- Parch: 父母与小孩个数。
- Ticket: 船票信息。
- Fare: 票价。
- Cabin: 客舱。
- Embarked: 登船港口。

1. 导入数据

首先导入Pandas库，Pandas是常用的Python数据处理包，可以把CSV文件读入成dataframe格式。代码如下：

```
import warnings
warnings.filterwarnings('ignore')
import pandas
import numpy as np
titanic = pandas.read_csv("titanic_train.csv")
print(titanic.describe())
```

这里的describe可以对数据进行简单处理，例如可以查看数据的大小、判断有无缺失，以及查看平均值、最小值等。在ipython notebook中，data_train如下：

```
       PassengerId    Survived      Pclass         Age       SibSp  \
count   891.000000  891.000000  891.000000  714.000000  891.000000
mean    446.000000    0.383838    2.308642   29.699118    0.523008
std     257.353842    0.486592    0.836071   14.526497    1.102743
min       1.000000    0.000000    1.000000    0.420000    0.000000
25%     223.500000    0.000000    2.000000   20.125000    0.000000
50%     446.000000    0.000000    3.000000   28.000000    0.000000
75%     668.500000    1.000000    3.000000   38.000000    1.000000
max     891.000000    1.000000    3.000000   80.000000    8.000000

            Parch        Fare
count  891.000000  891.000000
mean     0.381594   32.204208
std      0.806057   49.693429
min      0.000000    0.000000
25%      0.000000    7.910400
50%      0.000000   14.454200
75%      0.000000   31.000000
max      6.000000  512.329200
```

上述的处理是无法查看数据类型的，例如字符串中类型的"名字"这个类别就没有被包含进去。因为下一步我们要将所需数据的类型全部转换成数字以方便计算，所以使用info方法查看数据的类型。查看类型的代码如下：

```
print(titanic.info())
```

结果为：

```
<class 'pandas.core.frame.DataFrame'>
RangeIndex: 891 entries, 0 to 890
Data columns (total 12 columns):
PassengerId    891 non-null int64
Survived       891 non-null int64
Pclass         891 non-null int64
Name           891 non-null object
Sex            891 non-null object
Age            714 non-null float64
```

```
SibSp             891 non-null int64
Parch             891 non-null int64
Ticket            891 non-null object
Fare              891 non-null float64
Cabin             204 non-null object
Embarked          889 non-null object
dtypes: float64(2), int64(5), object(5)
memory usage: 83.6+ KB
None
```

2. 对缺失数据的列进行填充

由于矩阵运算是不允许有缺失值的，因此在进行数据处理时，我们要将缺失值做填充。对于缺失值有以下几种处理方法：如果缺失值的样本占总数比例极高，我们可能直接就舍弃了，作为特征加入的话可能反倒带入噪声，影响最后结果的准确率；如果缺失的值个数并不是特别多，那我们也可以试着根据已有的值拟合一下数据，补充上缺失值。

本例年龄是一项重要的特征数据。对于年龄缺失数据，我们取一个年龄的平均值来填充，这样对准确率的影响不会过大又能保存特征。填充代码为：

```
# 缺失值填充(取年龄平均值)
titanic["Age"] = titanic["Age"].fillna(titanic["Age"].median())
print(titanic.describe())
```

填充后Age的数据由原本的714个变成了891个，达到了我们的目的。数据如下：

```
       PassengerId    Survived      Pclass         Age       SibSp  \
count   891.000000  891.000000  891.000000  891.000000  891.000000
mean    446.000000    0.383838    2.308642   29.361582    0.523008
std     257.353842    0.486592    0.836071   13.019697    1.102743
min       1.000000    0.000000    1.000000    0.420000    0.000000
25%     223.500000    0.000000    2.000000   22.000000    0.000000
50%     446.000000    0.000000    3.000000   28.000000    0.000000
75%     668.500000    1.000000    3.000000   35.000000    1.000000
max     891.000000    1.000000    3.000000   80.000000    8.000000


            Parch        Fare
count  891.000000  891.000000
mean     0.381594   32.204208
std      0.806057   49.693429
min      0.000000    0.000000
25%      0.000000    7.910400
50%      0.000000   14.454200
75%      0.000000   31.000000
max      6.000000  512.329200
```

3. 属性转换，把某些列的字符串值转换为数字

数据操作的另一步是将字符用数值代表，例如sex是字符串，无法进行计算，将它转换成数字，用0代表man，用1代表female。属性转换代码如下：

```
# 将字符用数值代表
```

```
# sex是字符串，无法进行计算，将它转换为数字，用0代表man，用1代表female
print (titanic["Sex"].unique())

# 将所有的male替换为数字0
titanic.loc[titanic["Sex"] == "male", "Sex"] = 0
titanic.loc[titanic["Sex"] == "female", "Sex"] = 1
```

同样地，将3个登录地点"S""C""Q"转换成数字，0代表S，1代表C，2代表Q，代码如下：

```
print(titanic["Embarked"].unique())
# 登船的地点也是字符串，需要转换为数字，并填充缺失值
titanic["Embarked"] = titanic["Embarked"].fillna('S')
# loc通过索引获取数据
titanic.loc[titanic["Embarked"] == "S", "Embarked"] = 0
titanic.loc[titanic["Embarked"] == "C", "Embarked"] = 1
titanic.loc[titanic["Embarked"] == "Q", "Embarked"] = 2
```

11.2　建　立　模　型

1. 引入机器学习库

导入线性回归，使用回归算法二分类进行预测；导入交叉验证，代码如下：

```
# 机器学习算法(线性回归)
# 导入线性回归,使用回归算法(二分类)进行预测
from sklearn.linear_model import LinearRegression
# 导入交叉验证
from sklearn.model_selection import KFold
```

2. 实例化模型

选中一些用来训练模型的特征，并将样本数据进行3层交叉验证，代码如下：

```
# 用来预测目标的列
predictors = ["Pclass", "Sex", "Age", "SibSp", "Parch", "Fare", "Embarked"]
# 对线性回归类进行实例化
alg = LinearRegression()
# 为泰坦尼克号数据集生成交叉验证折叠，它返回与训练和测试相对应的行索引
# 设置random_state,以确保每次运行时都得到相同的分割
kf = KFold(n_splits=3, random_state=1, shuffle=False)
```

3. 把数据传入模型，预测结果

```
    predictions = []
for train, test in kf.split(titanic):
    train_predictors = (titanic[predictors].iloc[train,:])
    # 训练算法的目标
    train_target = titanic["Survived"].iloc[train]
    # 利用预测器和目标训练算法
    alg.fit(train_predictors, train_target)
```

```
# 现在可以在测试折叠部分做出预测
test_predictions = alg.predict(titanic[predictors].iloc[test,:])
predictions.append(test_predictions)
```

11.3　算法概率计算

将预测正确的数目除以总量，代码如下：

```
predictions = np.concatenate(predictions, axis=0)
# 将预测映射到结果（只有可能的结果是1和0）
predictions[predictions > .5] = 1
predictions[predictions <= .5] = 0
accuracy = sum(predictions[predictions ==
    titanic["Survived"]]) / len(predictions)
print(accuracy)
```

该算法得到的准确率为：0.2615039281705948。

目前的准确率比较低，下面我们再介绍其他几种算法来提高一下预测的准确率。

11.4　集成算法，构建多棵分类树

1. 构造多个分类器

从sklearn库导入交叉验证和逻辑回归模块，实例化逻辑回归算法，使用3层交叉验证得到概率值，代码如下：

```
# 逻辑回归（概率值）
from sklearn.model_selection import cross_val_score
from sklearn.linear_model import LogisticRegression
alg = LogisticRegression(random_state=1)
# 计算所有交叉验证折叠的准确率
scores = cross_val_score(alg, titanic[predictors], titanic["Survived"], cv=3)
# 取分数的平均值（因为每一组都有一个分数）
print(scores.mean())
# 注意，逻辑回归和线性回归得到的结果类型不一样，逻辑回归是概率值，线性回归是[0,1]区间的数值
```

通过逻辑回归，最终准确率为：0.7878787878787877。可以看出相较于之前的算法，准确率有了明显的提高。

2. 随机森林

导入交叉验证与随机森林模块，random_state=1表示此处代码多运行几次得到的随机值都是一样的，如果不设置，则两次执行的随机值是不一样的。n_estimators指定有多少棵决策树，树的分裂的条件是：min_samples_split代表样本不停地分裂，某一个节点上的样本如果只有2个，就不再继续分裂。min_samples_leaf是控制叶子节点的最小个数。构建随机森林（构造多

少棵树、最小切分点、最少的叶子节点个数）控制树的高度，以防止过拟合，代码如下：

```python
from sklearn.ensemble import RandomForestClassifier, GradientBoostingClassifier
predictors = ["Pclass", "Sex", "Age", "SibSp", "Parch", "Fare", "Embarked"]
# 用默认参数初始化算法
# n_estimators就是我们要生成的树的数量
# min_samples_split是进行拆分所需的最少行数
# min_samples_leaf是我们在树枝末端(树的底部点)可以得到的最小样本数量
alg = RandomForestClassifier(random_state=1, n_estimators=10, min_samples_split=2,
min_samples_leaf=1)
# 计算所有交叉验证折叠的准确率
kf = KFold(n_splits=3, random_state=1, shuffle=False)
scores = cross_val_score(alg, titanic[predictors], titanic["Survived"], cv=kf)
# 取分数的平均值(因为每一组都有一个分数)
print(scores.mean())
```

随机森林算法处理后得到准确率为：0.7856341189674523。

这里增加决策树的数量，能使模型准确率更高。当然，也不是树越多越好，达到一定数量后，将不会对准确率产生很大的影响。

```python
alg = RandomForestClassifier(random_state=1, n_estimators=50, min_samples_split=4,
min_samples_leaf=2)
# 计算所有交叉验证折叠的准确率
kf = KFold(n_splits=3, random_state=1, shuffle=False)
scores = cross_val_score(alg, titanic[predictors], titanic["Survived"], cv=kf)
# 取分数的平均值
print(scores.mean())
```

得到准确率为：0.8159371492704826。可以看出，准确率由于决策树数量的增加而有了相应的提高。

11.5　特　征　提　取

由于事先不知道哪些数据对模型的预测有影响，我们假设兄弟姐妹、老人小孩的人数对实验有影响，把这两个数据整合到一起统称为家庭人数。再假设人名字的长度也有影响。代码如下：

```python
# 生成一个FamilySize列
titanic["FamilySize"] = titanic["SibSp"] + titanic["Parch"]
# apply方法生成一个新的列
titanic["NameLength"] = titanic["Name"].apply(lambda x: len(x))
```

导入正则表达式模块，统计打印所有称谓的个数，并将称谓转换成数字。代码如下：

```python
import re
#从名称中获取标题的函数
def get_title(name):
    # 使用正则表达式搜索标题。标题总是由大写字母和小写字母组成，以句号结尾
    title_search = re.search(' ([A-Za-z]+)\.', name)
    # 如果标题存在，提取并返回它
```

```
    if title_search:
        return title_search.group(1)
    return ""

# 获取所有标题并打印出每个标题出现的频率
titles = titanic["Name"].apply(get_title)
print(pandas.value_counts(titles))
# 将每个标题映射为整数。有些标题非常罕见，它们被压缩成与其他标题相同的代码
title_mapping = {"Mr": 1, "Miss": 2, "Mrs": 3, "Master": 4, "Dr": 5, "Rev": 6, "Major":
7, "Col": 7, "Mlle": 8, "Mme": 8, "Don": 9, "Lady": 10, "Countess": 10, "Jonkheer": 10,
"Sir": 9, "Capt": 7, "Ms": 2}
for k,v in title_mapping.items():
    titles[titles == k] = v

# 验证我们转换了的所有东西
print(pandas.value_counts(titles))
# 添加到标题列
titanic["Title"] = titles
```

显示结果为：

```
Mr           517
Miss         182
Mrs          125
Master        40
Dr             7
Rev            6
Col            2
Major          2
Mlle           2
Jonkheer       1
Ms             1
Capt           1
Sir            1
Don            1
Countess       1
Lady           1
Mme            1
Name: Name, dtype: int64
1      517
2      183
3      125
4       40
5        7
6        6
7        5
10       3
8        3
9        2
Name: Name, dtype: int64
```

1. 进行特征选择

导入特征选择模块，通过特征选择库，对选择的特征进行进一步筛选，看看哪些特征比较重要。f_classif（方差分析的F值）是评估特征的指标，k表示选择的特征的个数。特征选择代码如下：

```
import numpy as np
from sklearn.feature_selection import SelectKBest, f_classif
import matplotlib.pyplot as plt
predictors = ["Pclass", "Sex", "Age", "SibSp", "Parch", "Fare", "Embarked",
"FamilySize", "Title", "NameLength"]
# 进行特征选择
selector = SelectKBest(f_classif, k=5)
selector.fit(titanic[predictors], titanic["Survived"])
#获取每个特性的原始p值，并将p值转换为分数
scores = -np.log10(selector.pvalues_)
```

2. 用视图的方式展示

通过 feature_selection 对选择的特征做进一步选择，画出直方图可以直观地看出哪些特征对最终的准确率影响较大。代码如下：

```
# 画出成绩，看看 "Pclass" "Sex" "Title" 和 "Fare" 怎样才是最好的
plt.bar(range(len(predictors)), scores)
plt.xticks(range(len(predictors)), predictors, rotation='vertical')
plt.show()
# 只选择4个最好的功能
predictors = ["Pclass", "Sex", "Fare", "Title"]
alg = RandomForestClassifier(random_state=1, n_estimators=50, min_samples_split=8,
min_samples_leaf=4)
```

执行代码后，得到的直方图如图11-1所示。

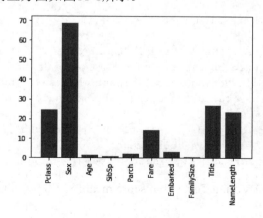

图 11-1　直方图

通过以上特征的重要性分析，选择出4个最重要的特性，重新进行随机森林算法的运算。本处理是为了练习在随机森林中的特征选择，它对于实际的数据挖掘具有重要意义。特征选择之后的算法代码如下：

```
# 通过以上特征的重要性分析，选择出4个最重要的特性，重新进行随机森林算法的运算
predictors = ["Pclass", "Sex", "Fare", "Title"]
alg = RandomForestClassifier(random_state=1, n_estimators=50, min_samples_split=8,
min_samples_leaf=4)
# 进行交叉验证
kf = KFold(n_splits=3, random_state=1, shuffle=False)
scores = cross_val_score(alg, titanic[predictors], titanic["Survived"], cv=kf)
# 目前的结果并无明显提升，本处理是为了练习在随机森林中的特征选择。它对于实际的数据挖掘具有重要
意义
print(scores.mean())
```

准确率为：0.819304152637486。

11.6　集成多种算法

这里介绍一种竞赛中常用的办法——集成多种算法，取最后每种算法的平均值等来减少过拟合。简单来说，算法集成就是将多个算法结合着使用。这里将GradientBoostingClassifier和逻辑回归结合起来使用。GradientBoostingClassifier是一种梯度提升方法，通过加法模型与前向分步算法实现学习的优化，从而将一个弱学习器变成强分类器。对于集成部分，则使用sklearn库中的软投票器（即概率投票器）对两个算法进行集成，以获得更好的性能。概率投票器是取所有算法计算出的分类概率，然后进行平均，并根据平均值取最终结果。代码如下：

```
from sklearn import ensemble
from sklearn.model_selection import cross_validate
# 要集成的算法
# 使用线性预测器来进行逻辑回归，以及使用梯度提升分类器
voting_est = [
    ('gbc', GradientBoostingClassifier(random_state=1, n_estimators=25,
max_depth=5)),
    ('lr', LogisticRegression(random_state=1)),
]
predictors = ["Pclass", "Sex","Fare", "FamilySize", "Title", "Age", "Embarked"]
# Soft Vote or weighted probabilities
voting_soft = ensemble.VotingClassifier(estimators=voting_est, voting='soft')
voting_soft_cv = cross_validate(voting_soft, titanic[predictors],
titanic["Survived"], cv=kf)
voting_soft.fit(titanic[predictors], titanic["Survived"])
print("Soft Voting Test w/bin score mean:
{:.2f} %".format(voting_soft_cv['test_score'].mean() * 100))
```

代码运行结果为：Soft Voting Test w/bin score mean: 82.38 %，准确率有明显的提高。

11.7　本 章 小 结

　　本章按照机器学习一般流程针对"泰坦尼克号沉船生存率"数据进行数据分析和获救预测。首先通过一些常见的机器学习库，如Pandas、NumPy和sklearn等建立分类模型，然后尝试预测哪些乘客在这场事故中存活下来的可能性更高。本章实战包括数据的收集和处理、特征工程、模型选择、模型评估等方面的内容。希望通过本章的学习，能对读者的机器学习实战有所助益。

第 **12** 章

中药数据分析项目实战

本章通过Python数据处理与文本处理技术、自然语言处理中的分词技术，以及关联规则分析算法等，对中药材、中成药和中药方剂进行数据挖掘与分析，得到唯一的中药材词典，以及中成药、中药方剂的药物构成，同时能够根据特殊字段获取指定类型数据，并以过滤后的数据进行关联规则分析。通过本章的学习，读者可以综合掌握有关数据清洗、数据处理以及数据挖掘的相关技术。

本章主要知识点：

❖ 中药材数据集数据清洗与探索

❖ 关联挖掘应用

❖ 文本处理

12.1　项目背景及目标

中药是一种统称，凡是以传统中医理论指导采集、炮制、制剂，指导临床应用的药物都可以称为中药。中药来源宽泛，包含植物药、动物药、矿物药、化学制药、生物制药。方剂指中医治病的药方。中成药指以中药材为原料，依照中医理论制造的药物。随着时代的发展，越来越多的中医传统方剂不断被发掘。同时，根据中药理论，不断地有新的中成药被制作。中成药与传统方剂都是依照传统中医理论制作的，虽然药物制备方法与中药环境有所差别，但中药材的基本成分与组合搭配却不会发生实质性的变化。另外，除单个中药材外，不同中药材的组合往往也是中药是否能够发挥作用的关键。通过分析中药方剂与中成药的药方，可以得到常用的药材组合，从而可以为新药研究与中药的临床应用提供巨大的医学价值。同时，通过比对中成药与传统中药方剂之间的中药材使用区别，也可以为现代中成药的制作提供巨大的参考价值。

本项目提供了中药材和中成药两种数据。本章中，我们将把事先获取的数据与机器学习和数据挖掘技术相结合，完成以下两个研究目标：

● 清理原始数据，获得中成药与方剂的药材构成。

- 分析中成药中的常用药物组合，并根据组合的具体数据提出有利于研究的药物组合。

12.2　数据处理与分析实战

上一节最后提出的2个研究目标是紧紧相扣的。中药的种类有很多，除常用的一般中药材外，传统方剂中有时也会包含其他特殊的药材。因此，获取中成药与方剂的药材构成的第一个研究目标为：清理原始数据，获得中成药与方剂的药材构成。对于这一研究目标，我们需要使用文本处理与自然语言处理方法，从中成药与方剂的有关数据中提取有效数据。由于药材本身具有别名，因此需要构建有关的药物词典，避免将一种药材当作多种药材的错误。在词典构建后即可使用分词、数据清洗等一般方法创建分词链表，然后进行中药材的提取。

第二个研究目标为：分析中成药中的常用药物组合，并根据组合的具体数据提出有利于研究的药物组合。在第一个研究目标完成后，即可得到常用药物组合，之后则利用数据挖掘中有关关联规则分析的算法，获取常用药物组合。药物组合获取后，对于其中较为复杂的药物组合网络，可以利用知识图谱相关技术进行分析。

12.2.1　数据读取

原始数据为两个CSV表格，直接使用Pandas库读取有关数据。读取数据后，可以调用head方法查看前10条数据，调用describe方法查看常用数据描述。不过本项目数据皆为文本数据，因此无法查看最大值、最小值、标准差等基本统计数据。

查看数据代码如下：

```
import pandas as pd
df_name = pd.read_csv("./data/name.csv",header = 0)
df_name.head(10)
```

结果如图12-1所示。

	title	desc
0	夏天无	【中药名】夏天无 xiatianwu　【别名】一粒金丹、洞里神仙、飞来牡丹、土元胡、野延胡...
1	海参	【中药名】海参 hai shen　【别名】辽参，海男子。　【英文名】Stichopus ...
2	爬山虎	【中药名】爬山虎 pashanhu　【别名】常春藤、大风藤、假葡萄藤、走游藤萝、地锦。　...
3	太白参	【中药名】太白参 tai bai shen　【别名】煤参、太白洋参、黑洋参。　【英文名】...
4	龙骨	【中药名】龙骨 longgu　【别名】五花龙骨。　【英文名】Os Draconis。　...
5	两头尖	【中药名】两头尖 liangtoujian　【别名】竹节香附、草乌喙。　【英文名】Ane...
6	藿香	【中药名】藿香 huoxiang　【别名】土藿香、大叶薄荷、绿荷荷、川藿香、苏藿香、野藿香...
7	桃枝	【中药名】桃枝 taozhi　【别名】桃树枝。　【英文名】Peach twig、Ramu...
8	硇砂	【中药名】硇砂 nao sha　【别名】北庭砂，赤砂、黄砂，狄盐，气砂，透骨将军，戎硇，白...
9	臭灵丹草	【中药名】臭灵丹草 Choulingdancao　【别名】狮子草、臭叶子、山林丹。　【英...

图 12-1　查看数据

12.2.2　中药材数据集的数据处理与分析

1．数据清洗

首先需要提取的数据为中药材数据集中的药名，药名存在于desc中，desc中的具体字段为：中药名、别名、英文名、药用部位、植物形态、药材性状、产地分布、采收加工、性味归经、临床应用、功效与作用、使用禁忌、相关药方、化学成分、药理研究。部分数据并不包含所有的数据种类。由研究目标可知，本次数据中可能会直接使用的为：中药名、别名、临床应用、功效与作用、化学成分。药理研究与植物形态、相关药方等内容，则可能在进行有关分析时有用。

由于desc中并非直接分类好的数据，而是将所有数据都作为文本数据存储，且存在大量空格和其他错误字符，因此，需要使用Python建立有关过滤规则进行过滤。展示有关数据进行初步查看可以发现，数据开头与结尾有空格，且存在大量名为"\u3000"的字符，这两类问题使用strip与replace方法进行过滤。

过滤后的数据依旧为字符串数据，不同数据说明依靠特殊字符"【】"进行识别，因此这里利用特殊字符进行分隔，分隔后的格式为"字段名1,内容1,字段名2,内容2,...,字段名n,内容n"。分隔完成后，利用字符查询与list的index方法，定位和获取所需的数据。别名获取的具体策略为首先使用字符串"【别名】"与list的定位索引方法 index，获取它在list中的索引，然后将获得索引加1，获得其内容。

代码如下：

```
string_clear = df_name["desc"][0].strip().replace('\u3000','')
string_clear
```

过滤后desc中的某条数据结果如下：

'【中药名】夏天无 xiatianwu【别名】一粒金丹、洞里神仙、飞来牡丹、土元胡、野延胡、伏地延胡索、无柄紫堇、落水珠。【英文名】Corydalis Decumbentis Rhizoma。【药用部位】罂粟科植物伏生紫堇Corydatis decumbens (Thunb.) Pers.的块茎。【植物形态】多年生草本，全体无毛。块茎近球形，表面黑色，着生少数须根。茎细弱，丛生，不分枝。基生叶具长柄，叶片三角形，2回三出全裂，末回裂片具短柄，通常狭倒卵形；茎生叶2～3片，生茎下部以上或上部，形似基生叶，但较小，具稍长柄或无柄。总状花序顶生：苞片卵形或阔披针形．全缘；花淡紫红色，筒状唇形，上面花瓣近圆形，先端微凹，矩圆筒形，直或向上微弯；雄蕊6，呈两体。蒴果线形，2瓣裂。种子细小。花期4～5月，果期5～6月。【产地分布】生于丘陵、低山坡或草地。喜生于温暖湿润、向阳、排水良好、土壤深厚的沙质地。分布于安徽、江苏、浙江、江西等地。【采收加工】春至初夏采块茎，去泥，洗净，晒干或鲜用。【药材性状】类球形、长圆形或不规则块状，长0.5～2厘米，直径0.5～1.5厘米。表面土黄色，棕色或暗绿色，有细皱纹，常有不规则的瘤状突起及细小的点状须根痕。质坚脆，断面黄白色或黄色，颗粒状或角质样，有的略带粉性。气无，味极苦。以个大、质坚、断面黄白者为佳。【性味归经】性温，味苦、微辛。归肝经。【功效与作用】活血、通络、行气止痛。属活血化瘀药下属分类的活血止痛药。【临床应用】用量5～16克，煎汤内服；或研末，1～3g；亦可制成丸剂。用治中风偏瘫、小儿麻痹后遗症、坐骨神经痛、风湿性关节炎、跌打损伤、腰肌劳损等。【药理研究】可引起动物产生"僵住症"，表现为木僵、嗜睡、肌肉僵硬，如随意改变其位置，可保持于该种姿势。药理实验表明，本品有抗张血管、抗血小板聚集、镇痛、解痉、降血压、松弛回肠平滑肌等作用。夏天无注射液在临床上治疗高血压脑血管病、骨关节肌肉疾病及青年近视等，均见良效。【化学成分】含四氢巴马亭（即延胡索乙素）、原阿片碱、盐酸巴马汀、空褐鳞碱、藤荷包牡丹定碱、夏天无碱、紫堇米定碱、比枯枯灵碱、掌叶防己碱等，其总碱含量达0.98%。应用高效薄层色谱分离及薄层扫描定量，对夏天无的化学成分及含量进行比较，结果表明，其延胡索乙素含量最高。【使用禁忌】尚不明确，谨慎用药。【相关药方】①治高血压，脑瘤或脑栓塞所致偏瘫：鲜夏天无捣烂。每次大粒4～5粒，小粒8～9粒，每天1～3次，米酒或开水送服，连服3～12个月。（《浙江民间常用草药》）②治各型高血压病：a.夏天无研末冲服，每次2～4克。b.夏天无、钩藤、桑白皮、夏枯草。煎服。（江西《中草药学》）③治风湿性关节炎：夏天无粉每次9克，日2次。（江西《中草药学》）④治腰

肌劳损：夏天无全草15克，煎服。(江西《中草药学》)'

使用特殊字符分隔，代码如下：

```
list_clear = string_clear.replace('【','|【').replace('】','】|').split("|")
list_clear.remove('')
list_clear
```

分隔后形成一个由不同属性及其对应值组成的列表，结果如下：

```
['【中药名】',
 '夏天无 xiatianwu',
 '【别名】',
 '一粒金丹、洞里神仙、飞来牡丹、土元胡、野延胡、伏地延胡索、无柄紫堇、落水珠。',
 '【英文名】',
 'Corydalis Decumbentis Rhizoma。',
 '【药用部位】',
 '罂粟科植物伏生紫堇Corydatis decumbens (Thunb.) Pers.的块茎。',
 '【植物形态】',
 '多年生草本，全体无毛。块茎近球形，表面黑色，着生少数须根。茎细弱，丛生，不分枝。基生叶具长柄，
叶片三角形，2回三出全裂，末回裂片具短柄，通常狭倒卵形；茎生叶2~3片，生茎下部以上或上部，形似基生叶，
但较小，具稍长柄或无柄。总状花序顶生；苞片卵形或阔披针形.全缘；花淡紫红色，筒状唇形，上面花瓣边近圆
形，先端微凹，矩圆筒形，直或向上微弯；雄蕊6，呈两体。蒴果线形，2瓣裂。种子细小。花期4~5月，果期5~
6月。',
 '【产地分布】',
 '生于丘陵、低山坡或草地。喜生于温暖湿润、向阳、排水良好、土壤深厚的沙质地。分布于安徽、江苏、
浙江、江西等地。',
 '【采收加工】',
 '春至初夏采块茎，去泥，洗净，晒干或鲜用。',
 '【药材性状】',
 '类球形、长圆形或不规则块状，长0.5~2厘米，直径0.5~1.5厘米。表面土黄色，棕色或暗绿色，有细
皱纹，常有不规则的瘤状突起及细小的点状须根痕。质坚脆，断面黄白色或黄色，颗粒状或角质样，有的略带粉性。
气无，味极苦。以个大、质坚、断面黄白者为佳。',
 '【性味归经】',
 '性温，味苦、微辛。归肝经。',
 '【功效与作用】',
 '活血、通络、行气止痛。属活血化瘀药下属分类的活血止痛药。',
 '【临床应用】',
 '用量5~16克，煎汤内服；或研末，1~3g；亦可制成丸剂。用治中风偏瘫、小儿麻痹后遗症、坐骨神经痛、
风湿性关节炎、跌打损伤、腰肌劳损等。',
 '【药理研究】',
 '可引起动物产生"僵住症"，表现为木僵、嗜睡、肌肉僵硬，如随意改变其位置，可保持于该种姿势。药理
实验表明，本品有抗张血管、抗血小板聚集、镇痛、解痉、降血压、松弛回肠平滑肌等作用。夏天无注射液在临床
上治疗高血压脑血管病、骨关节肌肉疾病及青年近视等，均见良效。',
 '【化学成分】',
 '含四氢巴马亭(即延胡索乙素)、原阿片碱、盐酸巴马汀、空褐鳞碱、藤荷包牡丹定碱、夏天无碱、紫堇米
定碱、比枯枯灵碱、掌叶防己碱等，其总碱含量达0.98%。应用高效薄层色谱分离及薄层扫描定量，对夏天无的化
学成分及含量进行比较，结果表明，其延胡索乙素含量最高。',
 '【使用禁忌】',
 '尚不明确，谨慎用药。',
 '【相关药方】',
```

'①治高血压，脑瘤或脑栓塞所致偏瘫：鲜夏天无捣烂。每次大粒4～5粒，小粒8～9粒，每天1～3次，米酒或开水送服，连服3～12个月。（《浙江民间常用草药》）②治各型高血压病：a.夏天无研末冲服，每次2～4克。b.夏天无、钩藤、桑白皮、夏枯草。煎服。（江西《中草药学》）③治风湿性关节炎：夏天无粉每次9克，日2次。（江西《中草药学》）④治腰肌劳损：夏天无全草15克，煎服。（江西《中草药学》）']

2．提取别名

在定义获取策略后，编写能够提取别名的代码，并利用dataframe的apply方法将提取后的数据写入原dataframe。考虑到代码可能会在之后多处重复使用，因此进行封装，类似操作不再描述。具体代码如下：

```
list_clear[list_clear.index('【别名】')+1].replace("。",'').split('、')
```

结果如下：

```
['一粒金丹', '洞里神仙', '飞来牡丹', '土元胡', '野延胡', '伏地延胡索', '无柄紫堇', '落水珠']
```

提取别名的完整代码如下：

```
def apply_get_alias(x,name):
    string_clear = x.strip().replace('\u3000','')
    list_clear = string_clear.replace('【','|【').replace('】','】|').split("|")
    list_clear.remove('')
    if '【'+ name +'】' in list_clear:
        return list_clear[list_clear.index('【'+ name +'】')+1].replace("。",'').split('、')
    else:
        return "no_alias"
```

以元组的方式传入额外的参数：

```
alias = '别名'
df_name["alias"] = df_name["desc"].apply(apply_get_alias,args=(alias,))
```

经过以上操作，通过df_name.head()显示的结果如图12-2所示。

	title	desc	alias
0	夏天无	【中药名】夏天无 xiatianwu 【别名】一粒金丹、洞里神仙、飞来牡丹、土元胡、野延胡…	[一粒金丹, 洞里神仙, 飞来牡丹, 土元胡, 野延胡, 伏地延胡索, 无柄紫堇, 落水珠]
1	海参	【中药名】海参 hai shen 【别名】辽参、海男子。 【英文名】Stichopus …	[辽参, 海男子]
2	爬山虎	【中药名】爬山虎 pashanhu 【别名】常春藤、大风藤、假葡萄藤、走游藤蔂、地锦。	[常春藤, 大风藤, 假葡萄藤, 走游藤蔂, 地锦]
3	太白参	【中药名】太白参 tai bai shen 【别名】煤参、太白洋参、黑洋参。 【英文名】	[煤参, 太白洋参, 黑洋参]
4	龙骨	【中药名】龙骨 longgu 【别名】五花龙骨。 【英文名】Os Draconis。	[五花龙骨]

图 12-2 通过 df_name.head()显示结果

提取后的数据没有办法直接使用，在后续使用中发现该数据存在医学上的命名错误，或者说是"冒名顶替"的错误，这是一种常见的类似药草命名错误的现象。例如，水半夏与半夏这两种药材，它们是不同的药材，水半夏最早是因为与半夏有类似药效，所以在部分药方中被用于替换半夏。由于商业或者认知错误等原因，水半夏有时也被称为半夏，但是水半夏与半夏是不同的药物，在医学上不可混用，而这里水半夏的别名中却存在"半夏"这一错误别名。同样还存在木香与川木香等其他药草的别名错误问题。因此，这里必须对所有类似情况进行处理。

经过数据探索可以发现，原数据中存在这些"冒名顶替"的药材中有两种比较特别——它们去除错误别名后，就没有其他别名了。

两对"混淆"的药材为：谷芽和稻芽、木香和川木香。查询资料可知，谷芽为粟的芽，而稻芽为稻米的芽，不是一种药材。木香为菊科植物木香的干燥根，川木香则为菊科植物川木香或灰毛川木香的干燥根，同样不是一种药材。对比发现两对药材确实为不同药草，因此过滤规则不变，但在后续编程中需注意这两个特殊的别名空值。查询别名为空值的代码如下：

```
for i in range(len(df_name["alias"])):
    list_i = list(df_name["alias"][i])
    for j in df_name["alias"][i]:
        if j in list(df_name["title"]):
            list_i.remove(j)
            if list_i==[]:
                print("过滤后别名为空",i)
    df_name["alias"][i] = list_i
```

运行结果为：

```
过滤后别名为空 104
过滤后别名为空 608
```

12.2.3　提取药方成分

分析药方中的中成药的成分，首先需要提取所需的药材名称。与药材数据类似，它同样以"字段名1,内容1,字段名2,内容2,…,字段名n,内容n"的形式存在于desc字段，因此，我们使用与之前类似的方法提取处方字段。实际编程后发现，前面的许多数据存储药方成分的字段为"处方"，而部分数据为"药方组成"。因此，我们需要稍微修改一下算法，当存在"处方"或"药方组成"字段时，我们将有关字段提取出来。

首先读取中成药的数据，代码如下：

```
df_zhongchengyao = pd.read_csv("./data/zhongchengyao.csv",header = 0)
df_zhongchengyao.head(10)
```

显示数据如图12-3所示。

	title	url		desc
0	龟鹿二仙膏	http://www.zhongyoo.com/zhongchengyao/glexg_87...	【药名】龟鹿二仙膏 guiluerxiangao	【处方】龟甲、鹿角、党参、枸杞子。　　【...
1	金银花露	http://www.zhongyoo.com/zhongchengyao/jyhl_904...	【药名】金银花露 jin yin hua lu	【处方】金银花。　　【制备方法】取金银花，...
2	小柴胡汤丸	http://www.zhongyoo.com/zhongchengyao/xchtw_62...	【药名】小柴胡汤丸 xiao chai hu tang wan	【处方】柴胡、黄芩、党参、...
3	柴胡注射液	http://www.zhongyoo.com/zhongchengyao/chzsy_79...	【药名】柴胡注射液 chai hu zhu she ye	【处方】柴胡。经水蒸气蒸馏制成的...
4	柴黄口服液	http://www.zhongyoo.com/zhongchengyao/chkfy_79...	【药名】柴黄口服液 xiao chai hu tang wan	【处方】柴胡、黄芩。　　【...
5	卫生宝丸	http://www.zhongyoo.com/zhongchengyao/wsbw_131...	【药名】卫生宝丸 wei sheng bao wan	【处方】柴胡、黄芩、玄参、天花粉、麦...
6	少阳感冒颗粒	http://www.zhongyoo.com/zhongchengyao/sygmkl_6...	【药名】少阳感冒颗粒 shao yang gan mao ke li	【处方】北柴胡、青蒿...
7	无极丸	http://www.zhongyoo.com/zhongchengyao/wjw_6323...	【药名】无极丸 wu ji wan	【处方】甘草、石膏、滑石粉、糯米(蒸熟)、薄荷脑、冰片...
8	芎菊上清丸	http://www.zhongyoo.com/zhongchengyao/xjsqw_71...	【药名】芎菊上清丸 qiong ju shang qing wan	【处方】羌活、川芎、白...
9	荆防败毒丸	http://www.zhongyoo.com/zhongchengyao/jfbdw_68...	【药名】荆防败毒丸 shen su xuan fei wan	【处方】防风、荆芥、赤茯苓、...

图 12-3　读取中成药的数据

然后通过将中药名与中药的别名合并来创建词典，再利用词典在中成药与中药方剂中提取中药。其具体思路为：使用分词工具对中成药、中药药方中的文本进行全分词，然后取交集即可。但是，由于中药名字除正式名称外还有别名存在，因此我们需要将别名统一。这里使用自定义的方法，将所有的别名转换为唯一主名称，之后取set即可得到一份只有统一名称的Python链表。对此，我们需要构建只包含唯一名称与包含所有中药材名词的两个链表，以供之后使用。代码如下：

```python
list_name_alias =[]
for i in list(df_name["alias"]):
list_name_alias.extend(i)
list_name =list(df_name["title"])
list_name_all =list_name +list_name

def get_main_name(x):
    int_len = len(list(df_name["alias"]))
    list_alias = list(df_name["alias"])
    for i in range(int_len):
        if x in list_alias[i]:
            return list_name[i]

def get_name(list_jieba):
    union_1 = list(set(list_jieba).intersection(set(list_name)))
    union_2 = list(set(list_jieba).intersection(set(list_name_alias)))
    if union_2 != []:
        for i in range(len(union_2)):
            union_2[i] = get_main_name(union_2[i])
    return union_1+union_2
```

对于处方构成的获取，使用的是"循环+分词+取并"的方式，代码如下：

```python
def apply_get_prescription(x,l_p):
    import re
    string_clear = x.strip().replace('\u3000','')
    list_clear = string_clear.replace('【','|【').replace('】','】|').split("|")
    list_clear.remove('')

    for item in l_p:
        if '【'+ item +'】' in list_clear:
            str_clear = list_clear[list_clear.index('【'+ item +'】')+1]
            import jieba
            jieba_cut_string = jieba.cut(str_clear,HMM=True)
            list_jieba = "|".join(jieba_cut_string).split('|')
            union = get_name(list_jieba)
            return list(set(union))
    else:
        return "no_alias"
#以元组的方式传入额外的参数
prescription = ['药方组成','处方']
df_zhongchengyao["prescription"] = \
    df_zhongchengyao["desc"].apply(apply_get_prescription, args=(prescription,))
```

以上代码实现了别名的统一，将所有的别名转换为唯一主名称，形成了Python链表。

12.2.4　挖掘常用药物组合

接下来，分析中成药中的常用药物组合，并根据组合的具体数据，提出有利于研究的药物组合。目前我们已经获取了中成药与中药方剂的药物组成，因此需要使用对应算法（Apriori算法）对常见药物组合进行挖掘。

Apriori算法是一种常见的关联规则分析算法，得到的结果为{A} -> {B}的形式，前项A可能是一个数据，也可能是两个或多个数据的组合（之后将前面的数据项统称为前项），后项B为有关搭配的数据，同样可能是一个数据，也可能是多个数据（之后将后面的数据项统称为后项）。对关联项的挖掘，我们主要通过两个参数进行控制：min_support（最小支持度）与min_confidence（最小置信度）。支持度表示某个组合出现的次数与总次数之间的比例。支持度越高，该组合出现的频率越大。置信度则表示条件概率，如 {A} -> {B}，表示在A发生的这一条件下，B发生的概率是多少。在这里，最小支持度则表示所有药方中最起码要有多少出现了这类药物（或药物组合）。例如组合为{A} -> {B}，置信度为1，表示存在A的时候，有多少的比例会出现B。这两个参数都是Apriori算法的核心参数。同时，如果我们需要分析常用的药物组合，那么药物本身出现的比例以及搭配药物出现的概率也是我们需要控制的变量——通过控制有关变量，可以获得不同情况下的药物组合类型。

参数的估计需要依据实际数据的比例。通过代码计算可知，药方总数为2081，药方中出现的药材一共有15 680种，药材总种类则为821类，平均每种中药出现19.1次。由于药方数量较多，我们不要求过多药方中出现某种药材，因此将Apriori算法的最小支持度设置为0.03；疾病种类繁多，因此置信度则选择为0.5，也就是使用Apriori算法发现在所有药材中前项出现的比例高于3%，且前项出现后后项出现的概率高于50%的药材组合。本节通过上述两个参数设置方法，来寻找一些3种以上的药材组合。

首先，安装efficient-apriori，并统计中成药中一共出现了多少药材，代码如下：

```
from efficient_apriori import apriori
int_tmp = 0
for i in list(df_zhongchengyao["prescription"]):
    int_tmp += len(i)
print(int_tmp)
print(int_tmp/821)
print(int_tmp/821/821)
```

运行结果为：

```
15680
19.09866017052375
0.023262679866654996
```

关联规则挖掘算法代码如下：

```
itemsets, rules = apriori(list(df_zhongchengyao["prescription"]),
min_support=0.03, min_confidence=0.5)
    print(rules)
```

运行结果为：

[{没药} -> {乳香}, {乳香} -> {没药}, {半夏} -> {甘草}, {半夏} -> {陈皮}, {山药} -> {茯苓}, {川芎} -> {当归}, {熟地黄} -> {当归}, {白芍} -> {当归}, {红花} -> {当归}, {桔梗} -> {甘草}, {白术} -> {甘草}, {白芍} -> {甘草}, {苦杏仁} -> {甘草}, {茯苓} -> {甘草}, {薄荷} -> {甘草}, {陈皮} -> {甘草}, {麻黄} -> {甘草}, {白术} -> {茯苓}, {当归, 甘草} -> {川芎}, {川芎, 甘草} -> {当归}, {当归, 白芍} -> {川芎}, {川芎, 白芍} -> {当归}, {熟地黄, 白芍} -> {当归}, {当归, 白芍} -> {熟地黄}, {当归, 熟地黄} -> {白芍}, {甘草, 白芍} -> {当归}, {当归, 白芍} -> {甘草}, {当归, 甘草} -> {白芍}, {当归, 茯苓} -> {甘草}, {当归, 甘草} -> {茯苓}, {白芍, 茯苓} -> {当归}, {当归, 茯苓} -> {白芍}, {当归, 白芍} -> {茯苓}, {白术, 茯苓} -> {甘草}, {甘草, 茯苓} -> {白术}, {甘草, 白术} -> {茯苓}, {茯苓, 陈皮} -> {甘草}, {甘草, 陈皮} -> {茯苓}]

最后得到的常用的3种药材的中成药组合如下：

- 白术, 茯苓, 甘草
- 茯苓, 陈皮, 甘草
- 当归, 白芍, 川芎
- 白芍, 茯苓, 当归
- 当归, 甘草, 川芎
- 当归, 茯苓, 甘草
- 熟地黄, 白芍, 当归
- 甘草, 白芍, 当归

对于具体的内容，如{甘草, 陈皮} -> {茯苓}，其中甘草和陈皮这对组合是实际出现的，且出现比例一定高于5%，而每当该组合出现时，则有50%的可能与茯苓进行搭配。只考虑组合本身，也就是前项中的两种药材的情况，我们可以根据组合次数绘制出一个图形，具体如图12-4所示。

在图12-4中，组合次数最多的是当归，当归是所有药材组合中最重要的药材，它与白芍的连接数为4，与甘草的连接数为3，与茯苓的连接数为2，且与其他药材拥有紧密联系。其次是白芍与甘草这两种药材，它们和其他药材连接都比较紧密，且部分组合次数相对较大。再次是茯苓。最后一批组合最少的药材则是川芎、熟地黄、陈皮与白术，它们都与两种药材各组合过一次。

接下来，统计可能的搭配关系（在{甘草, 陈皮} -> {茯苓}，茯苓是甘草和陈皮的搭配药材，记作茯苓与甘草的关联数字为1，茯苓与陈品的关联数字为1），得到的结果如图12-5所示。

由图12-5可知，当归、甘草、白芍、茯苓这4种药材与其他药材搭配最为频繁。其次是川芎，与几种主要药材的搭配较为频繁。之后是白术、熟地黄，这两种药材与图12-4中的情况类似，都与两种主要药材有一定的搭配关系（各两次）。最后为陈皮，只和两种主要药材各有一次搭配。通过以上方法，我们得到了不同常见药材之间的辅助搭配关系。

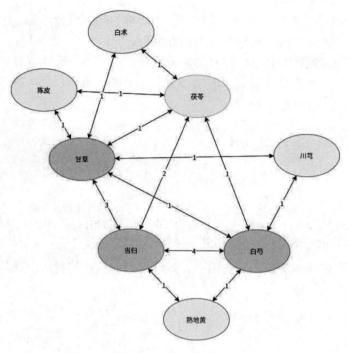

图 12-4 药材组合图

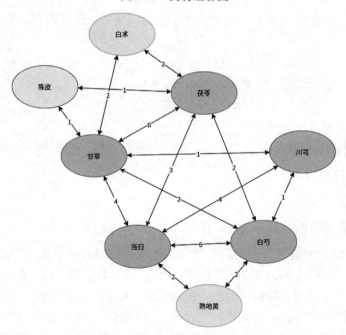

图 12-5 可能的搭配关系

综合上述两种情况可以得出结论：当归与白芍、甘草的直接组合较多，而甘草、当归、茯苓、川芎和白芍五味药同时也是其他药材中药的辅助用药。由于图12-4和图12-5很好地展示了各种药材之间的搭配与辅助关系，因此，也可以使用关联规则分析药物之间的搭配关系，从而得到药方，例如，当归、甘草、白芍、茯苓这一较为简单的药方组合，或者甘草、当归、茯苓、川芎、白芍、熟地黄、白术这一药材较多的药方组合。

使用类似方法同样可以得到单个药材的有关组合。由于单个药草本身出现概率就比较高，因此将算法中的参数最小置信度提高至0.7。支持度为0.03，置信度为0.7时获取药材的有关组合的实现代码如下：

```
itemsets, rules = apriori(list(df_zhongchengyao["prescription"]),
min_support=0.03, min_confidence=0.7)
print(rules)
```

运行结果为：

```
[{没药} -> {乳香}, {乳香} -> {没药}, {桔梗} -> {甘草}, {川芎, 甘草} -> {当归}, {川芎, 白芍} -> {当归}, {熟地黄, 白芍} -> {当归}, {白芍, 茯苓} -> {当归}, {白术, 茯苓} -> {甘草}, {甘草, 白术} -> {茯苓}, {茯苓, 陈皮} -> {甘草}]
```

以此方法得到搭配更为频繁的药物组合，最终得到的两种药材的中成药组合如下：

- 桔梗、甘草
- 茯苓、甘草
- 陈皮、甘草
- 川芎、当归

在不提高置信度（0.7），只提高支持度到0.06的情况下，获取药材的有关组合的实现代码如下：

```
itemsets, rules = apriori(list(df_zhongchengyao["prescription"]),
min_support=0.06, min_confidence=0.5)
print(rules)
```

运行结果为：

```
[{川芎} -> {当归}, {桔梗} -> {甘草}, {茯苓} -> {甘草}, {陈皮} -> {甘草}]
```

得到的两种药材的中成药组合如下：：

- 桔梗、甘草
- 没药、乳香（双向）

该数据意味着组合的前项使用更为频繁，或者说药材组合应用更为广泛。

支持度为0.03、置信度为0.7的双药材组合的数据中，{川芎} -> {当归}、{茯苓} -> {甘草}和{陈皮} -> {甘草}全部都在3种药材组合中出现过，而不提高置信度（0.7），只提高支持度到0.06得到的药材组合{桔梗} -> {甘草}，{没药} -> {乳香}，并没有在3种药材组合中出现过，属于新出现的中药组合。更高的支持度也就意味着更广泛的使用范围，尤其桔梗与甘草的组合在有较高支持度的同时，它们的置信度也在70%以上，也就是在桔梗被频繁应用的同时，它与甘草的共同使用也是常见的。因此，这种组合在深入研究和实际应用中具有较高的价值。另外，没药和乳香之间的相互置信度超过70%，表明该组合使用广泛且经常搭配。

通过上述数据可以得到4种基本的、有效的药物组合：

（1）当归、白芍、甘草。

（2）甘草、当归、茯苓、川芎四、白芍、熟地黄、白术。

（3）桔梗、甘草。

（4）没药、乳香。

12.3　本 章 小 结

本章主要基于中药材、中成药和中药方剂数据集，综合运用关联规则挖掘算法、分词技术和文本处理技术等，提取药材别名和中药配方组合。通过本章的学习，读者可以综合掌握数据清洗、数据处理以及数据挖掘的相关技术。